湯湯水水好養人

養護全家的煲湯聖經

薩巴蒂娜 主編

請給我一碗湯

於我而言，煲湯是一件最簡單卻又最容易有成就感的廚事。

街市買極新鮮的排骨（骨頭要多，肉有點就行），回家一口大鍋煮上骨頭，再加兩三片薑、少許鹽、一小撮胡椒粉，然後搭配蓮藕或者海帶或者山藥或者白蘿蔔或者粟米，就是一煲最最家常的鮮美的湯。

你若問我，廚房新手最需要學甚麼，我會告訴你，先學煲湯。

因為：

湯鮮。經過熬煮，食材的鮮美滋味滲入到湯汁中，入口都是溫柔。

湯暖。湯都是溫暖的，一碗暖湯下肚可以讓渾身都暖和起來，通體舒泰。

煲湯省事。不想煎炒烹炸的時候我就煲湯，再來鍋白飯，菜湯飯全齊了。

湯能調理滋補。食物是最養人的，夏天和冬天的湯譜迥然不同，順應天時和身體的需要採用不同的食材煲湯，這是多年流傳下來的智慧結晶。

湯給人幸福感。再沒有比一回家就看到飯桌上放着一碗湯更讓人覺得幸福的事了。縱使風雨兼程，也要回家去喝家人煲的湯。而如果是單身呢？也沒有問題，現在有很多高科技的鍋具，可以定時煲湯。一個人生活更要好好愛自己，用好看的湯碗和湯勺盛放煲給自己的湯，細細品味，讓生活充滿儀式感。

如果你很愛一個人，就給他／她煲一碗充滿愛和關懷的湯吧。

家裏不能沒有廚房，廚房裏不能沒有湯。

薩巴蒂娜

2019 年 6 月

目 錄

知識篇

CHAPTER 1 成長助力湯

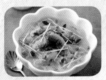

CHAPTER 2　養顏美容湯

CHAPTER 3 知心愛人湯

CHAPTER 4 延年益壽湯

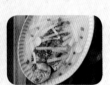

CHAPTER 5 四季養生湯

知識篇

為愛下廚房，洗手做羹湯

喝湯的注意事項

因為心中有一份對家人的愛，所以回家後才會心甘情願系上圍裙，洗手做羹湯。喝湯有利於我們的身體健康，在日常飲食中，餐前喝適量的湯，可以讓身體更好地吸收食物中的營養，因此俗語説「飯前喝湯，勝過良藥方」。

喝湯速度不能太快，要給食物消化留下充裕的時間。喝湯能儘快讓人產生飽腹感，使人不容易發胖。

南北飲食有差異

北方的湯以麵湯、鹹湯為主，比較知名的如山東單縣的羊肉湯，鮮而不膻，香而不膩；河南逍遙鎮的胡辣湯，湯香撲鼻，辣而不灼。北方的天氣相對比較寒冷，多喝些麵湯、肉湯，能增強身體禦寒的能力。

南方的湯則更加多種多樣，大部分南方人家的餐桌上餐餐都少不了一碗湯，尤其在廣東地區，更是家家煲湯，四季有湯喝。各家有各家的秘籍，食材也更豐富。喝湯在廣東已經成了一種健康的生活模式，一種生活時尚。

煲湯常用的鍋具

砂鍋

砂鍋一般是將石英、長石、黏土等原料造型後經高溫燒製而成的。特殊的原材料，使得砂鍋內部能保持相對均衡的環境和溫度。

壓力鍋

壓力鍋是從鍋內部對水施壓，使鍋中的水能夠達到較高的溫度但不沸騰，從而加速燉煮食材，減少燉煮時間，適合燉比較難熟的肉類等食材。

燉盅

燉盅適合人少的家庭使用，或者用於製作嬰兒輔食湯。燉盅內空間狹小，食物不會翻滾，故而燉出的湯品色澤清亮，香味濃郁。

不銹鋼燉鍋

不銹鋼燉鍋精美、輕便、不易摔碎，忽冷忽熱時也不會有炸裂的危險，導熱快，適合煲各種湯，還可以用來滷菜、煮粥，用途比較廣泛。

奶鍋

奶鍋外形輕巧，容積小，使用率高，實用性強，更節能。除熱牛奶外，還可以煮糖水、熬米粥、煮蛋湯，分量少的湯湯水水用小奶鍋加工更方便。

煲湯食材的處理

茶樹菇的清洗

茶樹菇經過加工和晾曬，上面免不了殘留灰塵和雜質，清洗的時候要格外仔細，不然煲出來的湯裏會有很多沙子，影響口感不說，還特別不衛生。

1 把茶樹菇末端的硬蒂用剪刀剪去。這個部位特別容易殘留泥沙。
2 剪好的茶樹菇用清水沖洗乾淨表面的浮塵。
3 洗乾淨的茶樹菇裝入乾淨的容器內，加清水至浸過茶樹菇，浸泡 15 到 20 分鐘。
4 此時的茶樹菇已經變軟，用清水再次洗乾淨就可以用來進行下一步烹飪了。

番茄完整去皮

煮湯用的番茄去掉外皮，口感會更好，湯色也更漂亮。去番茄外皮並不難，只需一碗開水就可以搞定。

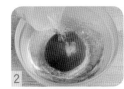

1 將番茄沖洗乾淨，在頂部用刀劃十字形痕跡，切口不要太深。
2 將番茄放入深一點的容器中，加入開水至浸過番茄，等待 10 秒鐘左右。
3 沿着切痕用手輕輕撕去番茄的外皮。

竹笙的泡發

竹笙營養價值豐富，是煲湯常用的好食材。但是，乾竹笙如果處理不好，煮出來的湯會有一股怪味，影響湯的口感。

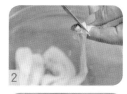

1 乾竹笙用淡鹽水浸泡 20 到 30 分鐘，中途可以換兩三次水。
2 用剪刀剪去菌蓋部分。乾竹笙的菌蓋是竹笙散發怪味的來源，剪去就沒有怪味了。
3 將竹笙再次沖洗乾淨，即可用來烹飪。

魚肚（花膠）的泡發

花膠是適合女性的高檔補品，含有滿滿的膠原蛋白。需要特別注意的是，如果泡發方式不對，花膠的營養成分會嚴重流失。

1 乾花膠用水沖洗一下。
2 將花膠放入碗中，放入幾片薑，送入蒸籠蒸 15 分鐘。
3 蒸好的花膠放入保鮮盒中，加入純淨水至浸過花膠。
4 蓋緊蓋子，放入冰箱冷藏一晚至花膠完全泡開。
5 將花膠上的血漬和油漬摘除，清洗乾淨後即可進行烹製。

如何切滾刀塊？

煲湯用的根莖類蔬菜常需要切成滾刀塊，既美觀又容易入味。

1 取長條絲瓜一條，削去外皮，橫放在砧板上。
2 垂直下刀，刀與絲瓜的角度呈 45 度角切下去。
3 刀的位置不變，將絲瓜向外旋轉 90 度，再垂直切下去，切成的就是滾刀塊。

怎樣做出好吃的肉餅？

肉餅湯是簡單易做的鮮美好湯，但如果處理不好豬肉，做出來的肉餅口感會乾柴，嚼起來無味。

1 原料選擇豬前腿肉（肥瘦比例 4：6 最佳，3：7 也可以），沖洗乾淨。
2 將豬肉切成小丁。
3 將肉丁剁成肉碎。
4 加入 1 湯匙清水、少許生粉、少許鹽、適量白胡椒粉。
5 用筷子朝一個方向攪打即可。如果家中有攪拌機，步驟 3 和 4 可以合併，直接用攪拌機更省力。

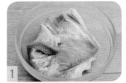

如何去除蝦線？

蝦的背部正中間有一條黑黑的泥線，那是蝦的內臟，含有苦味物質，影響蝦的鮮味，烹製時應提前去除。

1 牙籤法去蝦線：用拇指和食指捏住蝦尾處，找到從蝦尾處開始數的第二節，用牙籤插入，往上一挑蝦線就出來了。
2 直接法去蝦線：這種方法適合活蝦。兩手分別捏住蝦頭和蝦身的連接處，由下往下折斷，再輕輕一拉，蝦線就隨着蝦頭被帶出來了。
3 開背法去蝦線：這個方法最簡單，適合去了殼的蝦。沿蝦脊背從頭到尾劃一刀，蝦線就可以取出來了。

肉類去腥

1 浸泡法去腥：適合排骨等食材。將其洗乾淨，用清水浸泡 1 小時左右即可。
2 焯水去腥：適合排骨等食材。將其放入鍋中，加入冷水至浸過食材，開火，水燒開即馬上關火。
3 油煎去腥：適合河鮮類食材。炒鍋內倒少許油燒熱，下入處理乾淨的魚等，煎至兩面呈金黃色即可。

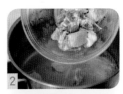

煲湯的技巧

煲湯的火候

　　煲湯的火候一般分為大火、中火、小火三種，中火不常用，大火和小火比較普遍。通常先用大火高溫煮開，然後再用小火慢燉。熬煮的過程中火力不要忽大忽小，否則會糊底，破壞湯的風味。

煲湯的時間

　　煲湯的時間並非越久越好，加熱時間過長，食材的營養反而易被破壞。蔬菜、菇菌類食材煮制時間控制在 10 分鐘以內，魚大約需要煮半小時左右，豬肉以煮 1 小時左右為宜，老鴨、牛羊肉則以煮 2 到 3 小時最佳。

加水的學問

　　做蔬菜食材的湯：一般是需要多少成品湯，就加多少水。

　　做牛羊肉、排骨之類葷腥食材的湯：煲湯時應一次性加入足量的水（水量應為食材兩倍到三倍），煲的過程中不要加水，以免食材中蛋白質成分難溶解，鮮味流失。如果必須要加水，記得一定要添加開水。

調味品的添加

　　煲湯一般不需要過多的調味料，否則會喧賓奪主，也不要放入過多的蔥、薑、料酒，以免影響湯汁的原汁原味，主要添加鹽即可。鹽一般在臨出鍋前放入，過早放鹽會阻礙食材中蛋白質的溶解，使湯色發暗，湯汁不濃郁。

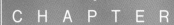

CHAPTER

1

成長助力
湯

孩子正在發育，
需要更多的營養補充。
經常給孩子煲一些適合他們的湯，
能調節孩子的脾胃，
促進其身體健康發育；
讓他們吃得好，長得高，
身體強，胃口好。

愛喝湯的寶寶長得快
家常蓴菜湯

`簡單` `20 分鐘`

材料
新鮮蓴菜 ▶ 150 克
金華火腿 ▶ 20 克
雞蛋 ▶ 1 個

調味料
上湯 ▶ 700 毫升
鹽 ▶ 1/2 茶匙
蒜瓣 ▶ 1 粒
粟米油 ▶ 1 湯匙

營養貼士
蓴菜中含有多種維他命和礦物質。雞蛋白為優質蛋白質，孩子每天吃一個雞蛋，能健腦益智。

做法
1 將蓴菜洗乾淨，蒜瓣拍碎。
2 雞蛋打入碗中，只取蛋白。
3 火腿切細絲備用。
4 鍋內加 1 湯碗水燒開，放入蓴菜燙熟，撈出裝入碗中。
5 起油鍋燒熱，下入蒜末、火腿絲炒香。
6 加入上湯，煮開。
7 加入蛋白，邊倒邊攪拌成蛋花狀，加入鹽調味。
8 將湯水倒入煮好的蓴菜中即可。

烹飪竅門
1 蓴菜一般沒有甚麼味道，焯一下水就可以食用，口感滑嫩。
2 煮湯的時候不要放蛋黃，可整體提升湯的滑嫩口感。

這是一道經典的江南地區家常湯，帶着清新與營養，如小家碧玉般明媚。第一次去江南的姐妹家喝這個湯，就被它的口感吸引了，喝一口，一陣溫和的舒適感從喉嚨直達胃裏。

這鮮味一口難忘
豆腐丸子湯

🍲 簡單　🕐 60 分鐘

材料
老豆腐 ▶ 80 克
豬前腿肉 ▶ 200 克

調味料
薑 ▶ 3 克
香葱 ▶ 1 條
鹽 ▶ 1/2 茶匙
白胡椒粉 ▶ 少許
生粉 ▶ 1/2 茶匙
麻油 ▶ 1/2 湯匙

營養貼士
老豆腐中含有優質的植物蛋白質和豐富的鈣，非常適合身體虛弱的孩子食用，能幫助孩子補充營養，增強體質。

做法

1 豬前腿肉洗乾淨，切成 1 厘米見方的小塊。
2 薑去皮切末。香葱洗淨，切碎備用。
3 把薑末、白胡椒粉、生粉和一半的鹽加入肉塊裏，剁成肉碎。
4 老豆腐洗淨，加入肉碎中。
5 用手把老豆腐抓碎，和肉碎混合均勻。
6 湯鍋中加入約 500 毫升清水，大火煮開。
7 取適量肉碎放在手中，借助手部虎口的位置擠出豆腐丸子，放到湯鍋裏，中火煮 10 分鐘，至丸子浮起。
8 加入剩餘的鹽，撒上香葱碎，淋入麻油調味即可。

烹飪竅門

1 豆腐要選用老豆腐，不能用水豆腐或絹豆腐代替，老豆腐比較有韌性，也耐煮，特別適合做湯。
2 豬肉宜選擇沒有冷凍或冷藏過的新鮮的前腿肉，這樣做出來的丸子不鬆散，湯的浮沫也較少。

孩子們大多喜歡吃各種各樣的小丸
子。用豆腐做成的丸子湯別具一格，
不僅顏色清爽，還有淡淡的豆香，十
分開胃。

番茄雞蛋疙瘩湯

美味一碗怎麼夠

🍲 簡單　🕐 20 分鐘

材料

番茄 ▸ 1 個
雞蛋 ▸ 1 個
中筋麵粉 ▸ 150 克
青菜 ▸ 1 棵

調味料

鹽 ▸ 1/2 茶匙
葵花子油 ▸ 1 湯匙

營養貼士

1 番茄中含有的茄紅素具有不易被高溫破壞的特點。
2 麵食中含有豐富的碳水化合物，能補充能量。

做法

1 番茄洗淨，頂部切十字花刀，放入開水中燙 2 分鐘。
2 將番茄撕去外皮，切成丁塊。青菜洗淨瀝乾，切碎。
3 麵粉中慢慢淋入水，用筷子攪拌成鬆散的疙瘩狀。
4 雞蛋打入碗中，用筷子攪散。
5 起油鍋燒熱，倒入番茄丁翻炒出湯汁。
6 加入足量的水，煮開後倒入面疙瘩攪勻，煮 2 分鐘。
7 將蛋液緩緩倒入疙瘩湯裏。
8 出鍋前放入青菜碎稍煮，撒鹽調味即可。

烹飪竅門

1 番茄去皮後口感更好，番茄裏的營養遇油能被充分地激發出來。

2 麵粉裏要慢慢淋入水，邊淋邊攪動，這樣做出的疙瘩大小才均勻。

疙瘩湯既可以作為主食又可以作為湯品，一年四季都可以食用，非常適合小朋友嬌弱的腸胃，尤其適合一歲以上的寶寶和學齡期的小朋友。

挑食寶寶也愛喝
蘋果雪梨肉餅湯

簡單　⏱ 30 分鐘

材料
蘋果 ▸ 100 克
雪梨 ▸ 100 克
豬肉 ▸ 150 克
（選肥瘦相間的為佳）

調味料
鹽 ▸ 1/2 茶匙
生粉 ▸ 2 克
白胡椒粉 ▸ 1 克

營養貼士
豬肉中蛋白質含量豐富，含有多種氨基酸，搭配雪梨和蘋果煮湯，除口感鮮甜外，還有潤肺、補脾胃的效果。

  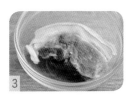 
  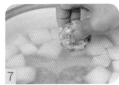 

做法
1 蘋果洗淨，削皮、去核，切大塊。
2 雪梨洗淨，削去外皮、去核，切大塊。
3 豬肉洗乾淨。
4 擦乾豬肉表面的水，剁成肉碎，加入生粉、白胡椒粉和一半的鹽。
5 把豬肉碎揉成一個個小圓餅狀。
6 砂鍋中加水，放入蘋果塊、雪梨塊煮開，小火煮 15 分鐘。
7 把豬肉碎餅加入湯水中，小火煮 5 分鐘。
8 撒入剩餘的鹽調味即可。

烹飪竅門
1 蘋果要選擇脆一點的品種，如常見的紅富士蘋果。
2 雪梨的潤肺效果極佳，如果沒有，也可以用鴨梨代替。

多數小朋友喜歡吃帶甜味的湯湯水水，
飯前喝一碗甜絲絲的蘋果雪梨肉餅湯，
能讓孩子心情愉悅。燉煮後的蘋果和
雪梨更加溫和，不會刺激小朋友嬌弱
的腸胃。

能鮮到掉眉毛的快手靚湯
雞蛋肉餅湯

🍲 簡單　⏱ 1.5 小時

材料
雞蛋 ▸ 2 個
豬肉 ▸ 150 克
冬菇 ▸ 10 克
小棠菜 ▸ 2 片

調味料
鹽 ▸ 1/2 茶匙
白胡椒粉 ▸ 少許

營養貼士
雞蛋中蛋白質、卵磷脂、鈣的含量都很高，搭配高蛋白、高脂肪的豬肉煮湯，孩子常喝此湯，聰明又健壯。

做法
1 豬肉用清水沖洗乾淨。
2 將豬肉剁成肉碎，加入白胡椒粉和一半的鹽，用筷子朝着一個方向攪拌。
3 小棠菜洗乾淨，新鮮冬菇去蒂，在表面劃上十字花刀。
4 把肉碎用手揉成圓餅狀，鋪在陶瓷燉盅的底部。
5 把雞蛋完整地打在肉餅上。
6 緩緩把開水倒入燉盅內，讓雞蛋稍微凝固定型。
7 加入冬菇，蓋上燉盅蓋子，將燉盅置於蒸鍋內隔水蒸 1 個小時。
8 加入剩餘的鹽調味，趁熱放入小棠菜燙熟即可。

烹飪竅門
1 豬肉儘量選擇有肥有瘦的，四分肥六分瘦的最香。
2 往燉盅裏倒入開水的時候不要對着雞蛋淋，要倒在旁邊，力度要輕，不要弄破雞蛋。
3 小棠菜可以用上海青，顏色更漂亮，口感也更好。

雞蛋肉餅湯是江南的家常特色湯，家家戶戶都會做。誰家孩子沒胃口時，給他做上這麼一碗湯喝下，很快就能有食慾了。

給寶寶一雙明亮的眼睛
豬肝菠菜湯

🍲 簡單　⏱ 20 分鐘

材料

豬肝 ▶ 150 克
紅蘿蔔 ▶ 30 克
菠菜 ▶ 40 克
番茄 ▶ 1 個
上湯 ▶ 600 毫升

調味料

鹽 ▶ 1 克
薑 ▶ 3 克
粟米油 ▶ 1 湯匙

營養貼士

豬肝中含有豐富的維他命 A，有助於孩子的視力發育；菠菜是補鐵補血的好食材，兩者是天生的好搭檔。

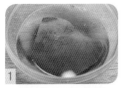

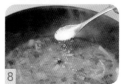

做法

1 豬肝用淡鹽水浸泡半個小時。
2 把浸泡好的豬肝切薄片。
3 番茄洗淨，切成 1 厘米見方的小粒備用。
4 紅蘿蔔洗淨，切成跟番茄同樣大小的粒。
　菠菜擇去黃葉，洗淨，切碎。薑切片。
5 起油鍋燒熱，把番茄粒倒進去炒成糊狀。
6 倒入上湯、薑片、紅蘿蔔粒煮開。
7 放入豬肝片和菠菜碎攪勻。
8 煮至豬肝變色後撒鹽調味即可。

烹飪竅門

1 豬肝切片後要用清水再沖洗一遍，這樣煮出來的湯清爽不渾濁。
2 如果寶寶吃東西比較挑剔，可以將菠菜提前用開水燙幾分鐘，能有效去除菠菜澀味。

豬肝是保護寶寶視力的好幫手。豬肝湯取材簡單，營養豐富，做起來省時省力，不會做飯的媽媽也可以很快學會。

家常的才最美味
豬筒骨蘿蔔湯

🍲 簡單　🕐 2.5 小時

材料

豬筒骨 ▶ 半條（約 500 克）
白蘿蔔 ▶ 200 克
杞子 ▶ 5 克

調味料

鹽 ▶ 1/2 茶匙
薑 ▶ 10 克

營養貼士

白蘿蔔被稱為小人參，能健脾益氣，清熱化痰；骨頭中含有豐富的骨膠原。小朋友常喝這款湯，能促進生長發育，提高免疫力。

做法

1 將豬筒骨提前用冷水浸泡半小時。
2 白蘿蔔無需削皮，洗乾淨，去掉根鬚。
3 把白蘿蔔切成大的滾刀塊。
4 薑去皮，切片。
5 豬筒骨、薑片置於砂鍋內，加入約 2000 毫升的水至浸過食材，大火煮開，撇去浮沫。
6 水開後轉小火，煲 1.5 小時後加入白蘿蔔塊，用小火繼續煲 20 分鐘。
7 加入杞子再煮 10 分鐘。
8 撒鹽調味，出鍋即可。

烹飪竅門

1 煮骨頭湯應先用大火再改小火，大火熬出骨膠原，小火煲出好味道。
2 杞子放得太早容易煮成黃色，影響湯色。

這是一道鮮美的家常湯，食材很常見，做法也簡單，不需要過多的調味料就能煮出鮮香的效果，飯前給孩子喝一小碗暖暖的蘿蔔湯，開胃又養身。

紅蘿蔔粟米排骨湯

孩子愛喝　媽媽放心

簡單 / ⏱2 小時

材料
排骨 ▸ 300 克
粟米 ▸ 100 克
紅蘿蔔 ▸ 1 條
馬蹄 ▸ 5 粒

調味料
薑 ▸ 6 克
鹽 ▸ 1/2 茶匙

營養貼士
粟米健脾益胃，排骨中鈣質和骨膠原的含量豐富，孩子常吃粟米排骨湯，有助於骨骼發育，還能讓皮膚細膩光滑。

做法
1 排骨清洗乾淨，切成小段備用。
2 粟米切成大約 2 厘米厚的小段。
3 紅蘿蔔洗淨，削皮，切成 2 厘米長的段。
4 馬蹄洗淨，削去外皮；薑切片。
5 將排骨和薑片一起放入砂鍋，加入約 1500 毫升清水，大火燒開。
6 用湯勺撇去表面的浮沫，調至最小火，蓋上蓋子煲 1 小時。
7 加入粟米、紅蘿蔔、馬蹄，繼續煮 30 分鐘。
8 出鍋前加鹽調味即可。

烹飪竅門
1 排骨剛開始煮的時候會有血沫浮起來，將這層浮沫用湯勺撇去，煮出來的湯會很清爽。
2 如果沒有馬蹄、紅蘿蔔，也可以不放。

讓孩子擁有強壯的身體是家長們
共同的心願。排骨和粟米是天生
的好搭檔，紅蘿蔔的加入能使湯
汁更加甘甜。這個湯老少咸宜，
十分家常。

香濃又滋補
栗子山藥羊排湯

🍲 簡單　🕐 2 小時

材料

栗子 ▸ 150 克
山藥 ▸ 150 克
羊排 ▸ 300 克
杞子 ▸ 5 克

調味料

薑 ▸ 10 克
大葱 ▸ 1 段
芫荽 ▸ 1 棵
鹽 ▸ 1/2 茶匙

營養貼士

山藥煮熟後細膩綿甜，有健脾胃的功效；栗子中維他命和蛋白質的含量豐富，對脾胃也十分有益；羊肉能抵禦風寒，冬天多吃羊肉，手腳不冷。

做法

1. 羊排洗乾淨，切成 2.5 厘米長的小段，用清水浸泡半小時。薑切片，大葱切小段。芫荽洗淨，切段。
2. 湯鍋中加入約 2000 毫升清水，放入薑片、大葱段煮開。
3. 加入羊排，大火煮開後轉小火，煲 1.5 小時。
4. 栗子去殼去衣，洗淨備用。
5. 山藥去皮，洗淨，切成長段。
6. 將山藥段、栗子放入羊肉湯中再煲 20 分鐘。
7. 加入杞子，再煮 10 分鐘。
8. 撒鹽調味，盛出，放入芫荽段即可。

烹飪竅門

1. 山藥去皮的時候要戴上一次性手套，否則皮膚沾到山藥的黏液會感覺奇癢無比。
2. 生栗子用刀子在外殼上劃一刀，放入清水中煮幾分鐘，很容易就可以脫去外殼了。

在乾燥的秋冬季，孩子需要這些溫和滋補的湯水來補充營養。栗子和山藥煮過之後變得很軟糯，羊肉軟爛可口，特別適合孩子吃。

酸爽不油膩
番茄馬鈴薯牛腩湯

🍳 中等 ⏱ 2.5 小時

材料
牛腩 ▸ 300 克
番茄 ▸ 1 個
馬鈴薯 ▸ 1 個

調味料
薑 ▸ 5 克
料酒 ▸ 1 湯匙
鹽 ▸ 適量
芫荽 ▸ 適量
植物調和油 ▸ 1 湯匙

營養貼士
牛腩不僅含有豐富的維他命 B 雜，還是鐵元素的良好來源。多喝牛腩湯能使孩子不容易貧血，還能讓其肌肉更結實，身體更強壯。

做法
1 牛腩洗淨，切成 1.5 厘米見方的小塊。芫荽洗淨，瀝乾。
2 牛腩放入冷水鍋煮開，關火，撈出來沖洗乾淨。
3 番茄洗淨，切成 1 厘米見方的小丁。馬鈴薯削皮洗淨，切成 2 厘米見方的塊。
4 起油鍋燒熱，倒入番茄丁翻炒片刻。
5 加入 2500 毫升的清水，大火煮開。
6 將煮開的水和番茄丁一起倒入砂鍋中，倒入牛腩、薑片、料酒，調小火煲 1.5 小時。
7 加入馬鈴薯塊，再燉 20 分鐘。
8 加入鹽調味後出鍋，撒上芫荽即可。

烹飪竅門
1 番茄可以撕去外皮後再切丁，這樣煮出來的湯更好看。
2 不同砂鍋受熱情況不同，如追求更軟爛的口感，可以多燉半小時。

濃厚的番茄湯汁和牛腩是經典的搭配，尤其適合天冷時喝，燉上熱氣騰騰的一鍋，孩子就着湯汁恐怕會吃下兩碗飯吧！

湯濃味美
竹笙春雞湯

🍲 簡單　⏱ 3 小時

材料

春雞▸1 隻（約 500 克）
乾竹笙▸5 條
紅棗▸3 粒

調味料

薑▸5 克
大葱▸10 克
鹽▸1/2 茶匙
芫荽▸1 棵

營養貼士

春雞肉質細嫩，蛋白質含量豐富，結締組織少，吃起來不會塞牙。用竹笙搭配春雞燉湯，常喝能強身健體。

做法

1 竹笙用淡鹽水浸泡半小時，剪去封閉一端的菌蓋，洗淨。
2 每條竹笙切成 2 段備用。將葱和薑洗淨，葱打結，薑切片。芫荽洗淨，切碎。
3 春雞處理好，洗淨，去掉雞腳。
4 將葱結、薑片塞入雞肚裏。
5 湯鍋中一次性加入足量的清水，放入整隻雞，大火煮開。
6 水開後鍋中會逐漸浮出很多浮沫，用勺子將浮沫撇去。
7 把竹笙、紅棗加入鍋中，轉小火，加蓋煮 2 小時。
8 加入鹽調味，盛出，撒芫荽碎即可。

烹飪竅門

1 竹笙的菌蓋一定要去除乾淨，否則會有怪味。
2 這道湯也可以用蒸的方法，做出的雞湯香味更濃郁。

柔韌鮮嫩的竹笙搭配春雞熬成的湯，湯色清爽，口感十分豐富，且容易消化，恰好可以滿足少年兒童的需求，既簡單又營養。

把所有的愛都給你
鴨血豆腐羹

🍲 簡單　⏱ 15 分鐘

材料
嫩豆腐 ▶ 150 克
鴨血 ▶ 150 克
小棠菜 ▶ 2 棵

調味料
鹽 ▶ 1/2 茶匙
薑 ▶ 4 克
生粉水 ▶ 2 湯匙
麻油 ▶ 1 湯匙

營養貼士
鴨血是寶寶補血食譜中的常見食材，豆腐含有大量的植物蛋白。孩子多喝點鴨血豆腐羹，能使氣血充足，面色紅潤，還有助於長高。

做法
1 嫩豆腐洗淨，切成 1 厘米見方的小丁。薑切片。小棠菜洗淨，瀝乾。
2 鴨血洗淨，也切成 1 厘米見方的小丁。
3 將鴨血丁和 500 毫升冷水倒入煮鍋，大火煮開後轉小火煮 2 分鐘，撈出鴨血丁備用。
4 砂鍋內加入約 1000 毫升水和薑片，大火煮開。
5 倒入豆腐丁，轉小火煮 10 分鐘。
6 加入汆好水的鴨血丁，繼續煮 5 分鐘。
7 倒入生粉水，用湯勺攪勻。
8 加入小棠菜和鹽，淋上麻油即可。

烹飪竅門
市場上賣的鴨血質量參差不齊，購買的時候要仔細挑選。辨別真假鴨血並不難，真鴨血顏色一般為暗紅色，有一股淡淡的血腥味，用手擠壓很容易碎。

寶寶的脾胃嬌弱，適合吃些容易消化的食物。鴨血和豆腐都比較滑嫩，煮成的羹湯十分鮮美，一歲以上的小朋友也可食用。

媽媽的手藝
排骨鴿子湯

🍲 簡單 ⏱ 1.5 小時

材料
排骨 ▸ 200 克
鴿子 ▸ 1 隻
黃豆 ▸ 20 克

調味料
薑 ▸ 5 克
鹽 ▸ 1/2 茶匙
香葱 ▸ 1 條
粟米油 ▸ 1 湯匙

營養貼士
鴿子肉和排骨都含有豐富的蛋白質，燉出的湯不僅湯味極鮮，肉也香濃無比。孩子常喝此湯能面色紅潤，不容易貧血。

做法

1 黃豆提前用清水浸泡 1 小時。香葱洗淨，切葱花。

2 排骨切塊，洗淨，放入涼水鍋中煮開。

3 撇去浮沫，撈出備用。

4 鴿子提前處理乾淨，切成跟排骨同樣大小的塊，也汆一次水，撈出瀝乾。

5 起油鍋燒熱，下入排骨塊、鴿子塊炒香（炒約 3 分鐘）。

6 將炒好的排骨塊和鴿子塊裝入壓力鍋。

7 加入泡好的黃豆，放入薑片和足量的水，上氣後小火煮 1 小時。

8 待壓力鍋排氣後打開蓋子，加鹽調味，盛出，撒入葱花即可。

烹飪竅門

1 這道湯適合用壓力鍋燉煮，既節省時間，燉出的肉質也更軟爛。

2 先用少量的油炒一炒，煮出來的湯能還原柴火灶煮湯的香味。

這道湯像極了媽媽做的味道，小時候灶頭上燉出來的肉湯的香味讓我至今念念不忘。復刻傳統的場景，還原兒時的味道，用簡單鍋具做出記憶中的好味道。

無須吐骨的補腦湯
番茄魚片湯

🍲 簡單 ⏱ 30分鐘

材料

龍脷魚柳 ▸ 200 克
番茄 ▸ 1 個

調味料

鹽 ▸ 1/2 茶匙
番茄醬 ▸ 10 克
蛋白 ▸ 5 克
生粉 ▸ 3 克
香葱 ▸ 1 根
粟米油 ▸ 1 湯匙

營養貼士

龍脷魚沒有魚骨，肉質細嫩鮮美，蛋白質含量十分豐富，搭配蔬菜中的「維 C 之王」番茄做成湯，孩子多喝能使身體健壯，而且不易長胖。

  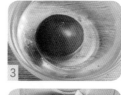 

做法

1 龍脷魚柳用水沖洗淨，切成厚度約 2 毫米的魚片。

2 將魚片用生粉、蛋白抓勻，醃製 10 分鐘。香葱洗淨，切葱花。

3 番茄洗淨，頂部切十字花刀，放入開水裏泡 2 分鐘。

4 沿着番茄頂部刀口撕去外皮，切成小丁。

5 燒開一鍋水，將魚片放進去燙熟，撈出備用。

6 起油鍋燒熱，放入番茄丁、番茄醬翻炒，倒入 1 湯碗清水煮開。

7 撒鹽調味，倒入燙好的魚片輕輕拌勻。

8 倒入大碗中，撒葱花即可。

烹飪竅門

1 龍脷魚用生粉和蛋白醃製能使魚片形狀保持完好，不容易碎。

2 燙熟魚片只需 10 來秒鐘，待魚肉變白即可；汆燙時間過久，魚肉容易變老。

魚湯營養豐富，可是魚骨也多，大人們總是擔心孩子被魚骨卡到。這道番茄魚片湯選用龍脷魚柳來做，龍脷魚柳肉厚無骨，不用擔心魚骨卡喉的危險。

色彩明麗有童趣
番茄鱈魚蝦仁湯

🍲 簡單　⏱ 15 分鐘

材料
鱈魚肉 ▸ 200 克
明蝦 ▸ 8 隻
番茄 ▸ 1 個
西蘭花 ▸ 60 克
洋葱 ▸ 40 克

調味料
上湯 ▸ 700 毫升
白胡椒粉 ▸ 少許
鹽 ▸ 1/2 茶匙
粟米油 ▸ 1 湯匙

營養貼士
鱈魚富含優質蛋白，營養價值很高，被稱為天然的腦黃金，又因其肉嫩而鮮美，故非常適合兒童食用。

  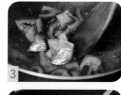 

做法
1 鱈魚肉沖洗乾淨，切成 0.5 厘米厚的塊狀。西蘭花用淡鹽水浸泡 10 分鐘後洗乾淨，掰成小塊。明蝦洗乾淨，剪去蝦的鬚子和蝦頭頂端，挑去蝦線。
2 番茄洗淨，切成小丁。洋葱剝去乾皮，切同樣大小的丁狀。
3 起油鍋燒熱，倒入番茄丁煸炒成糊狀。
4 加入洋葱丁，翻炒出香味。
5 加入上湯、西蘭花塊，煮開後改為小火燜 5 分鐘。
6 往鍋中加入鱈魚塊、明蝦，煮熟。
7 撒鹽和白胡椒粉調味即可。

烹飪竅門
1 鱈魚肉質鮮嫩，蝦也很容易煮熟，這兩種食材在最後放入，有助於保持其鮮美的滋味。
2 清洗鱈魚的時候，要清理乾淨殘留的魚鱗。這樣即使不放薑，煮出來的湯也不會腥。

孩子的成長離不開豐富的營養素，營養價值很高的鱈魚就是非常適合孩子的一種食材。這道湯顏色艷麗，有翠綠、雪白、大紅色，一下子就能吸引孩子的目光。

絲瓜雞蛋蝦仁湯

聰明的寶寶人人愛

簡單 ⏱ 30 分鐘

材料

長條絲瓜 ▶ 300 克
雞蛋 ▶ 1 個
蝦仁 ▶ 200 克

調味料

鹽 ▶ 1/2 茶匙
生粉水 ▶ 1 湯匙
薑 ▶ 5 克
橄欖油 ▶ 少許

營養貼士

1 蝦仁富含氨基酸，其中甙氨酸含量越高，蝦仁越甜。
2 絲瓜性涼，可通絡疏火。

做法

1 絲瓜去皮洗淨，切成滾刀塊。
2 雞蛋打入碗中，薑切細絲。
3 蝦仁提前用生粉水和一半的鹽醃製 15 分鐘。
4 炒鍋中倒入 1 湯碗水，放入薑絲煮開。
5 加入絲瓜塊，煮 5 分鐘。
6 雞蛋攪散，緩緩倒入絲瓜湯中，邊倒邊攪拌。
7 加入蝦仁，燙 10 秒至蝦仁變色。
8 淋入橄欖油，加入剩餘的鹽調味即可。

烹飪竅門

1 蝦仁提前醃製，可以使口感更脆嫩、韌性。
2 絲瓜在水開後再放入，能保持顏色碧綠。

小朋友的腸胃比較嬌弱，多吃些容易消化的食物更有利於寶寶的成長。這個湯簡單快手，營養豐富，口感清爽鮮美，很多小朋友都會喜歡。

水中人參很滋補
絲瓜泥鰍湯

🍳 中等　🕐 20 分鐘

材料
長條絲瓜 ▶ 200 克
泥鰍 ▶ 150 克

調味料
鹽 ▶ 1/2 茶匙
薑 ▶ 5 克
杞子 ▶ 10 粒
香葱 ▶ 1 條
菜籽油 ▶ 1500 毫升
麻油 ▶ 1 湯匙

營養貼士
泥鰍肉高蛋白而低脂肪，肉質鬆軟，營養易於被吸收；絲瓜性涼，可活血通絡。二者煮成的湯鮮美可口，營養豐富，特別適合營養不良和身體虛弱的孩子。

   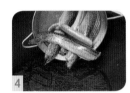

   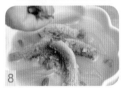

做法
1 絲瓜洗乾淨，用刮刀刮去外皮。
2 把去了皮的絲瓜切成滾刀塊。薑切細絲。香葱洗淨，切葱花。
3 泥鰍沖洗乾淨，用隔篩瀝去水。
4 起油鍋燒至七成熱，下泥鰍炸至硬挺、外皮焦脆。
5 將炸好的泥鰍撈出，鍋內留底油，下入薑絲炒出香味。
6 倒入 1 湯碗開水，放入杞子、泥鰍，大火煮 5 分鐘。
7 倒入絲瓜煮 3 分鐘。
8 加入鹽調味，盛出，撒葱花、淋麻油即可。

烹飪竅門

1 泥鰍要瀝乾水再油炸，否則容易濺油。炸過的泥鰍更容易熬出乳白的湯汁。
2 用開水煮泥鰍湯，也有助於熬出白湯。

泥鰍湯煮出來的湯汁呈乳白色，不
用味精就特別鮮美，再搭配碧綠柔
韌的絲瓜同煮，即便是口感挑剔的
孩子也會很樂意接受的。

清新滑嫩
蝦仁豆腐蛋花湯

簡單 🕐 20 分鐘

材料
基圍蝦 ▶ 200 克
嫩豆腐 ▶ 200 克
雞蛋 ▶ 1 個

調味料
鹽 ▶ 1/2 茶匙
料酒 ▶ 10 毫升
香葱 ▶ 1 條
麻油 ▶ 少許

做法
1 基圍蝦洗淨，去頭、殼，挑去蝦線。
2 蝦肉切成小丁，倒入料酒醃製 5 分鐘。
3 豆腐沖洗淨，切成比蝦仁稍大的塊狀。
4 雞蛋打入碗中，打散備用。香葱切葱花備用。
5 鍋中加入 1 湯碗清水，放入豆腐塊，燒開後小火煮 5 分鐘。
6 加入蝦肉丁，並用湯勺輕輕攪拌。
7 待蝦肉丁變色後，倒入雞蛋液攪動成蛋花狀。
8 撒入鹽、葱花，滴入幾滴麻油調味即可。

蝦仁和豆腐都是鈣質特別豐富的食物，粉嫩的蝦仁搭配雪白的嫩豆腐煮湯，看上去清新淡雅，吃起來特別滑嫩，大多數孩子都會喜歡。

營養貼士
蝦仁豆腐湯富含優質蛋白質、鈣質以及多種維他命，對孩子骨骼生長發育有良好的輔助作用，特別適合兒童食用。

烹飪竅門
1 基圍蝦的蝦線要挑去，否則會影響湯的成色。
2 湯中也可以加入青豆、火腿丁之類食材，湯的營養和口感會更豐富。

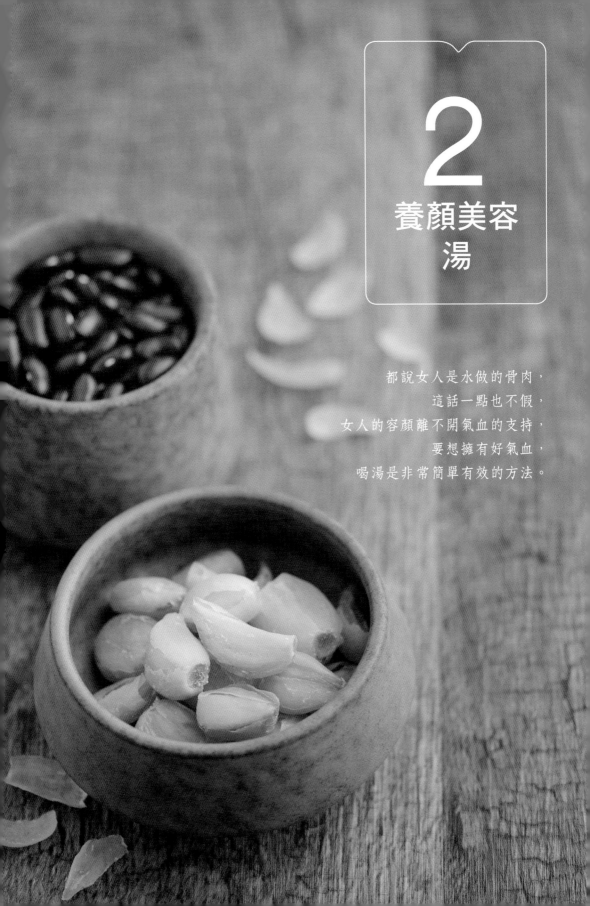

2

養顏美容湯

都說女人是水做的骨肉，
這話一點也不假，
女人的容顏離不開氣血的支持，
要想擁有好氣血，
喝湯是非常簡單有效的方法。

舒緩安神湯
百合蓮子湯

🍲 簡單　🕐 30 分鐘

材料

新鮮百合 ▸ 70 克
乾蓮子 ▸ 50 克
豬梅花肉 ▸ 100 克
雪梨 ▸ 約 100 克

調味料

鹽 ▸ 1/2 茶匙
生粉 ▸ 1 克
白胡椒粉 ▸ 少許

營養貼士

百合、雪梨、蓮子都有潤燥的功效、蓮子更是安心凝神的好食物，與豬肉同煮能很好地去除豬肉的腥味，使湯汁鮮甜。睡前喝一碗百合蓮子湯，能寧心安神，有助眠的功效。

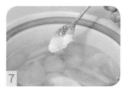

做法

1 將蓮子去芯，用清水浸泡 2 小時備用。
2 雪梨洗淨，對半切開，去核，切成月牙形薄片。
3 百合瓣開，去掉老化的部分，留下白嫩的百合肉。
4 豬梅花肉去皮，加生粉、白胡椒粉和少許鹽剁成肉碎。
5 砂鍋內加入清水，放入雪梨片、蓮子、百合煮開，小火燉 10 分鐘。
6 將豬肉碎捏成幾個扁扁的小圓餅，放入鍋中，煮大約 3 分鐘。
7 出鍋前撒鹽調味即可。

烹飪竅門

蓮子和新鮮百合都很容易煮爛，這些新鮮的食材要選用砂鍋烹煮，不能用鐵鍋等容易氧化的鍋具，否則湯色會發黑，影響食慾。

新鮮的百合和蓮子都是夏季的當季食材，煮起湯來快手又美味。每天忙忙碌碌，總有顧不上自己的時候，冰箱裏多備上幾樣食材，想喝的時候，就能馬上做出一碗好湯。

水光瀲灩　最懂女人心

桃膠銀耳黃桃羹

簡單　90 分鐘

材料

乾銀耳 ▸ 15 克

桃膠 ▸ 15 克

黃桃 ▸ 1 個

紅棗 ▸ 4 粒

調味料

黃冰糖 ▸ 適量

營養貼士

1 銀耳含有大量的鈣和多種礦物質、氨基酸，有較高的營養價值。

2 桃膠是由桃樹上自然分泌的膠狀物乾燥而成的琥珀狀固體，有抗皺嫩膚的功效，女士常喝此湯，能使皮膚看起來水嫩光滑。

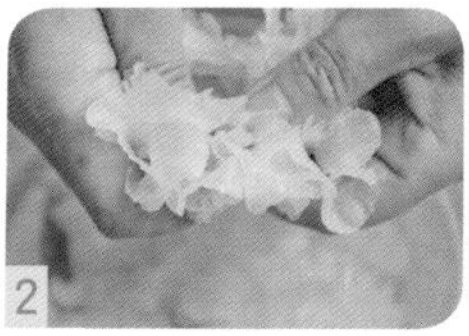

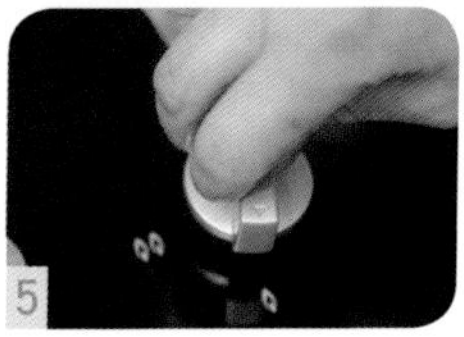

做法

1 銀耳、桃膠提前浸泡一晚上（約 12 個小時）。

2 銀耳去掉根部，用手撕成小碎片。

3 泡發好的桃膠呈清澈透明狀，用手稍微捏碎。紅棗洗淨，去核。

4 砂鍋內加約 2 升水，放入銀耳、桃膠、紅棗煮開。

5 小火慢燉 1.5 小時。

6 黃桃去皮去核，切成大塊，加入銀耳湯內。

7 最後加入黃冰糖一起煮 10 分鐘，關火，放至溫熱後即可食用。

烹飪竅門

天熱時泡銀耳一定要在中途換兩次水，防止長時間浸泡滋生細菌。最後燉煮的時候要用小火慢燉，冰糖在最後加入，不影響銀耳出膠。

不管任何時候，甜品總能讓人心情愉悅。耐心地準備食材，看着它們從一個個生硬的食材變成一份份美味，享受親手做美食的樂趣，這種感覺，有時比直接享受美味更令人滿足。

喝出 S 形好身材
薏米冬瓜茶

簡單 ⏱ 20 分鐘

材料

冬瓜 ▶ 400 克
薏米 ▶ 50 克
冰糖 ▶ 適量

做法

1 薏米提前用清水泡 1 小時。
2 電壓力鍋加水，加入薏米，煲 30 分鐘。
3 將冬瓜削去外皮，洗淨，去掉內瓤，切成
　小塊。
4 將冬瓜塊放入電壓力鍋中，再煮 20 分鐘。
5 加入冰糖煮至溶化即可。

許多人喜歡通過節食來減肥，可是
這麼做太傷身體，而且容易反彈。
不妨試試多運動，配合清淡飲食，
這才是不傷身體的減肥方式。

營養貼士

薏米冬瓜茶有消暑、
美白的功效，常飲
能使皮膚保持細膩，
在祛斑、改善皮膚
粗糙方面都有良好
的效果。

烹飪竅門

1 保存煮好的冬瓜茶
　時，可以用紗布濾去
　渣滓，湯色會更清
　亮。可以多煮一些，
　冰鎮後食用，比飲料
　還好喝。
2 冰糖依據個人口味添
　加，喜甜就多放些，
　不喜甜就少放些。

養血駐顏我有妙招
三紅湯

簡單　⏱ 1.5 小時

材料

紅衣花生 ▶ 100 克　　杞子 ▶ 5 克

紅豆 ▶ 50 克　　　　紅糖 ▶ 20 克

紅棗 ▶ 20 克

做法

1 將紅豆提前浸泡 1 小時。

2 將花生、紅棗清洗乾淨，紅棗去核。

3 砂鍋加入約 1.5 升水，放入紅豆、紅棗、花生，大火燒開。

4 蓋上鍋蓋，小火燜煮 1 小時左右。

5 加入杞子，再燉 10 分鐘。

6 加入紅糖煮至溶化，裝碗即可。

營養貼士

1 紅豆可除濕熱、散瘀血；紅棗能寧心安神、益智補腦。

2 紅衣花生補血功效是白衣花生的數倍，女士常喝此湯可血氣充足，緩解冬天手腳冰冷的情況。

烹飪竅門

紅豆提前浸泡是為了節省時間。如果想偷懶，可將全部食材直接放入電燉鍋煲煮即可。

特殊的日子，總想偷個懶，請個假，宅在家裏補補眠，再起身煲一碗補血湯，趁着溫熱大口喝下去，經期不適好像突然間都不見了。

生理期的好幫手
酒糟雞蛋湯

簡單 ⏱ 20 分鐘

材料

雞蛋 ▶ 2 個　　　　杞子 ▶ 3 粒
酒糟 ▶ 2 湯匙　　　紅糖 ▶ 20 克
紅棗 ▶ 3 粒

做法

1 紅棗洗淨，去核，切碎。
2 鍋內加入 1 湯碗的水，煮開。
3 加入酒糟、紅棗煮 1 分鐘，讓酒味揮發出來。
4 轉小火，打入雞蛋，放入杞子，再煮 5 分鐘。
5 加入紅糖攪勻。
6 趁熱裝碗食用。

每月那幾天真是女人最難熬的日子，尤其身為上班族更是難熬。這種事情又不好跟老闆請假，那就多給自己煮點這款湯喝，能緩解疼痛。

營養貼士

酒糟益氣生津、活血消腫，酒糟雞蛋很適合哺乳期婦女通乳。月經期間喝一碗，可調節氣色，美容又養顏。

烹飪竅門

雞蛋煮 5 分鐘，中間帶少量的溏心。如果不喜歡溏心的口感，可以再延長 2 分鐘，煮至全熟。

耐心等待美味出鍋

苦瓜大骨湯

🍲 簡單　🕐 2 小時

材料

豬筒骨 ▶ 半條（約 400 克）

黃豆 ▶ 30 克

苦瓜 ▶ 1 條（約 200 克）

薑 ▶ 5 克

杞子 ▶ 10 粒

鹽 ▶ 1/2 茶匙

做法

1 黃豆提前浸泡 1 小時。

2 豬筒骨提前剁成大塊，洗淨。薑切片。

3 砂鍋中加入足量的清水，加豬筒骨塊、薑片，大火煮開。

4 撇去浮沫後，繼續煮約 20 分鐘。

5 加入泡漲的黃豆，轉小火，煲大約 1.5 小時。

6 苦瓜洗淨，去內瓤，切大塊，放入砂鍋同煮半小時。

7 最後 10 分鐘加入杞子同煮。

8 放入鹽調味即可出鍋。

營養貼士

苦瓜清涼，有清熱解毒的功效。豬筒骨中含有大量的膠原蛋白、鈣質，有滋陰潤燥、益氣補血之功效。女士常喝苦瓜大骨湯，能排毒養顏，使臉上乾淨、不長痘。

烹飪竅門

砂鍋受熱程度不同，個人喜好的大骨軟爛程度也不同，因此煲煮的時間可以適當增減。

大骨湯是極傳統的美味靚湯。苦瓜的加入，對於不愛苦瓜的朋友來說，可能會有些難以接受，但是嘗一口之後，你就能知道它與你想像的不一樣。苦瓜不僅沒有使湯變苦，還賦予了湯排毒養顏的功效。

龍眼肉餅湯

地方特色　風味小吃

🍲 簡單　🕐 1 小時

材料

帶殼龍眼 ▶ 15 克
豬前腿肉 ▶ 200 克
紅棗 ▶ 2 粒
杞子 ▶ 5 粒

調味料

薑 ▶ 4 克
鹽 ▶ 1/2 茶匙
生粉 ▶ 少許

營養貼士

龍眼肉是典型的藥食兩用之品，有良好的滋養補益作用，可用於心脾虛損、氣血不足所致的失眠、健忘、驚悸、眩暈等症狀。用龍眼肉與豬肉一起煲湯簡單易做，女士常喝此湯能寧心安神，保持面色紅潤。

做法

1. 龍眼去殼、去核，薑切片，紅棗、杞子洗淨，紅棗去核；備用。
2. 豬肉去皮，加鹽、生粉剁成肉碎，放入碗中。
3. 加入 1 湯匙清水，用筷子朝着一個方向攪打。
4. 把豬肉碎揉成肉餅，大小和燉盅差不多，鋪在燉盅底部。
5. 加入龍眼乾、紅棗、杞子、薑片。
6. 一次性加入足量的水至浸過食材，大約為燉盅的九成滿。
7. 放入鍋中隔水蒸 1 小時。
8. 加入鹽調味即可。

烹飪竅門

1. 隔水燉的做法不會使水分減少，按照所需成品湯的量加水即可。
2. 如果沒有電燉鍋，把燉盅放在蒸籠上小火隔水蒸 1 小時也可以。

瓦罐湯是江西小吃，很有地方特色。
江西人的早點常從一罐瓦罐湯和涼拌
米粉開始。龍眼肉餅湯就是瓦罐湯中
的一種，鹹鮮微甜、不上火。家裏準
備一個插電的小燉鍋，出門前準備
好，回家就能喝上美美的湯了。

花生蓮藕排骨湯

強身健體的好湯

簡單 ⏱ 2.5 小時

材料
花生 ▶ 20 克
蓮藕 ▶ 200 克
排骨 ▶ 300 克

調味料
薑 ▶ 1 塊
香葱 ▶ 1 條
鹽 ▶ 1/2 茶匙

營養貼士
蓮藕是非常適合女士食用的根莖類食材，可涼血活血、滋養脾胃，將其與排骨同煮，不僅口感相得益彰，還能讓人面色紅潤，氣血充盈。

   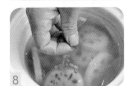

做法
1 花生提前浸泡半小時。
2 蓮藕去皮洗淨，切大塊。薑切片。香葱洗淨，切葱花。
3 排骨切小段，洗淨，入冷水鍋，煮至水開即關火。
4 撈出排骨，過冷水洗去表面的殘渣。
5 將排骨、薑片、花生、蓮藕塊裝入電燉鍋。
6 一次性加入足量的水（約 2 公升）。
7 小火慢燉 2 小時。
8 加入鹽調味，撒葱花即可。

烹飪竅門
排骨汆水的時候要冷水下鍋，水開就立即關火，這樣做能充分排出排骨裏的血水，煮出來的排骨湯湯色更清亮。

上班的女士更不可隨意對待自己的
一日三餐，抽時間為自己煲一鍋靚
湯吧。蓮藕、花生和排骨同燉，氣
味濃香，頗能慰藉疲憊的身體。

小臉緊緻光滑
蘋果雪梨煲豬腳

🍲 簡單　🕐 90 分鐘

材料
豬腳 ▸ 400 克
雪梨 ▸ 約 200 克
蘋果 ▸ 約 150 克

調味料
薑 ▸ 10 克
鹽 ▸ 1/2 茶匙

營養貼士
豬腳富含膠原蛋白；雪梨汁水清冽甘甜，可除燥潤膚；蘋果酸甜開胃。這三種食材一起煮成的湯，能讓皮膚更滋潤，還能降火。

做法
1 豬腳洗淨，剁成大塊。
2 薑切片。雪梨、蘋果分別洗淨。
3 將豬腳放入煮鍋中，加入冷水，煮至水開即關火。
4 將豬腳撈出，用溫水沖洗乾淨。
5 砂鍋中加水，放入豬腳、薑片，大火煮 10 分鐘，改小火煮 1 小時。
6 煲豬腳的時候，把雪梨、蘋果分別切 4 大塊，去核。
7 砂鍋中加入雪梨塊、蘋果塊，再煲 20 分鐘。
8 關火後，加鹽調味即可。

烹飪竅門
1 豬腳提前汆一下水，能去除大半的腥味，這樣煮出來的豬腳湯湯色清爽，湯汁鮮美、無異味。
2 蘋果和雪梨無須去皮，用細鹽搓洗乾淨即可。

女人大多怕老，可是再昂貴的化妝品也阻擋不住衰老的腳步。除日常保養之外，我們還需要由內而外的滋潤，內外兼顧，才能延緩衰老，保持皮膚緊緻年輕。

古法養生 美容養顏
當歸羊肉湯

🍲 簡單　⏱ 3 小時

材料
羊肉 ▸ 400 克
當歸 ▸ 10 克
杞子 ▸ 10 粒
紅棗 ▸ 3 粒

調味料
鹽 ▸ 1/2 茶匙
薑 ▸ 6 克
芫荽 ▸ 2 棵

營養貼士
1 羊肉含有豐富的優質蛋白和多種礦物質及維他命，有溫補氣血的功效。當歸入血，能提高羊肉溫補的效果。常喝當歸羊肉湯能使人氣血充足，改善手腳冰冷的症狀。
2 喝當歸羊肉湯時，儘量少吃生冷寒涼的食物。感冒期間不宜喝當歸湯。

  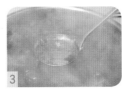 
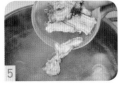  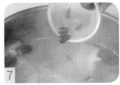 

做法
1 羊肉切成大塊；紅棗洗淨，去核。
2 羊肉放入鍋中，加入冷水，大火煮 20 分鐘。
3 煮的過程中湯表面會起一層浮沫，用湯勺撇去浮沫。
4 薑切片。芫荽洗淨，切碎。
5 當歸、薑片放入煮羊肉的鍋中，小火燉 2 小時。
6 最後 1 小時加入紅棗一起燉。
7 加入杞子煮 10 分鐘。
8 起鍋加入鹽，撒芫荽碎裝飾調味即可。

烹飪竅門
1 如果羊肉的羶味重，可以先提前汆一道水，或者加白蘿蔔一起燉，這些都是去羶味的好辦法。
2 為防止煮得湯色發黃，杞子不要太早加入。

羊肉自古以來就是滋補型肉類的典型。好的羊肉，不會有刺鼻的腥羶味，還會有種淡淡的奶香。內蒙古草原和新疆的羊肉被公認最為優質。

手腳經常冰涼、產後虛寒的女性，在寒冷的天氣裏喝上一碗羊湯，會渾身暖乎乎的。

喝出好氣色
益母草烏雞湯

簡單　2.5 小時

材料
烏雞▶半隻（約 350 克）
益母草▶20 克

調味料
薑▶10 克
杞子▶5 克
紅棗▶3 粒
鹽▶1/2 茶匙

營養貼士
1 益母草具有活血調經、祛瘀止痛的作用，女士經期服用益母草能減輕經痛的困擾。
2 烏雞的各種營養指數都高於普通雞，常喝烏雞湯可美容養顏。
3 孕婦不要服用益母草湯，有流產的風險。

做法
1 烏雞洗淨，切大塊。
2 薑切片。益母草、紅棗洗淨，瀝乾，紅棗去核。
3 砂鍋中放入烏雞塊，加清水浸過雞塊，大火煮至水滾就關火。
4 用漏勺撈出烏雞塊，瀝乾水備用。
5 往砂鍋中加入約 2 公升的清水，放入烏雞塊、益母草、紅棗、薑片，大火煮滾。
6 水滾後調小火慢煲 2 小時。
7 最後 10 分鐘加入杞子同煮。
8 撒鹽調味即可。

烹飪竅門
益母草忌遇鐵器，煮的時候千萬不要用鐵鍋。

黑色的食物並不一定不好吃。美食
界裏很多黑色的食物營養特別豐
富。例如：烏雞就比普通雞更有營
養，而益母草是眾所周知的女性養
顏草。

猴頭菇雞湯

山珍海味　只喜歡你

🍲 複雜　🕐 3 小時

材料

猴頭菇 ▶ 100 克
三黃雞 ▶ 半隻（約 400 克）
上湯 ▶ 1000 毫升

調味料

香蔥 ▶ 1 條
杞子 ▶ 10 粒
薑片 ▶ 8 克
料酒 ▶ 1 湯匙
鹽 ▶ 1/2 茶匙

營養貼士

猴頭菇性平，利五臟，可滋補身體。工作勞累的女士常喝此湯能緩解疲勞和滋養胃部。

做法

1 猴頭菇洗淨，去根蒂，在 30℃ 的溫水中浸泡 2 小時。
2 撈出猴頭菇，用清水反覆漂洗，擠乾水備用。
3 洗好的猴頭菇加料酒、上湯和 3 克薑片，小火煮 1 小時。
4 煮好的猴頭菇切片。三黃雞洗淨，切塊。香蔥洗淨，切蔥花。
5 電燉鍋內加水，放入三黃雞塊、猴頭菇和剩餘薑片。
6 小火慢煲 2 小時。
7 最後 10 分鐘加入杞子一起煮。
8 出鍋前加入鹽調味，盛出，撒蔥花即可。

烹飪竅門

1 猴頭菇本身有一定的苦味，需提前浸泡漲發、蒸煮，將苦味去除，然後再進行烹製。
2 泡發猴頭菇的時候，水溫不宜過高，以不燙手為宜。

猴頭菇因形狀似猴頭而得名，很受素
食愛好者們青睞，是一味鮮美的山珍。
古人有「寧負千石粟，不負猴頭羹」
的說法，表達了對猴頭菇的喜愛。

不可辜負的好滋味
黃豆雞腳湯

🍲 簡單　🕐 1 小時

材料

雞腳 ▸ 300 克
黃豆 ▸ 100 克
紅蘿蔔 ▸ 60 克
萵筍 ▸ 80 克
乾冬菇 ▸ 2 朵

調味料

料酒 ▸ 1 湯匙
鹽 ▸ 1/2 茶匙
薑 ▸ 6 克
胡椒粉 ▸ 少許

營養貼士

雞腳中含有豐富的膠原蛋白、鈣質，可以強化骨骼；紅蘿蔔、黃豆和萵筍也都是富含鈣質的蔬菜，上述食材煲成的湯能滋養皮膚、強筋健體。

做法

1 紅蘿蔔、萵筍洗乾淨，去皮，切成滾刀塊。薑切片。
2 乾冬菇、黃豆提前用冷水泡發；冬菇去蒂。
3 雞腳洗淨，剪去指甲。
4 鍋中加冷水，放入雞腳、料酒和一半的薑片煮開，關火。
5 煮好的雞腳用溫水沖洗乾淨。
6 砂鍋內加入適量水，放入雞腳、冬菇、黃豆、紅蘿蔔塊和剩餘薑片，大火煮開。
7 轉小火煮 50 分鐘後，加入萵筍塊煮 10 分鐘。
8 撒入胡椒粉和鹽調味即可。

烹飪竅門

雞腳經過提前汆水後煲出來的湯沒有腥味，湯汁呈乳白色，又有紅蘿蔔、綠萵筍點綴，看上去十分清新。

廚房裏的小事，看似煩瑣，實則處處有學問。簡單的一鍋雞腳湯，要細火慢熬，材料添加要遵照先後順序，才不枉費一番辛苦，做得一碗色香味俱全的營養湯。

別出心裁的傳統好湯
豬肚包雞湯

複雜　2.5 小時

材料

豬肚 ▸ 1 個
春雞 ▸ 1 隻（約 500 克）

調味料

杞子 ▸ 8 克
薑片 ▸ 10 克
細香葱 ▸ 3 條
鹽 ▸ 1/2 茶匙
白胡椒粉 ▸ 少許
麵粉 ▸ 少許

營養貼士

1 豬肚含有蛋白質和鈣等多種營養，滋補效果特別好。
2 春雞肉質細嫩，吃起來不易塞牙，且蛋白質含量高、脂肪含量少。
3 胡椒粉可溫中順氣，常吃胡椒豬肚雞能使身體越來越健康，氣血充足。

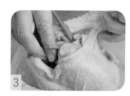

做法

1 豬肚用麵粉、鹽（分量外）、清水，裹裏外外反覆搓洗乾淨。
2 春雞去頭、腳，清洗乾淨。
3 把葱打結，和一半薑片一起塞入雞肚裏。
4 再將雞填入豬肚中，開口處紮上牙籤封口。
5 將豬肚雞放入砂鍋中，加入剩餘薑片，倒入約 3 公升的清水至浸過豬肚雞。
6 大火煮開，小火煲 2 個小時，期間用勺子撇去浮沫。
7 將豬肚雞撈出，取掉牙籤，用刀劃開豬肚，先將雞取出，然後把豬肚切成約 0.6 厘米寬的條。再拿掉雞肚內的葱、薑，把雞肉也撕成條。
8 將豬肚和雞重新放回湯鍋，加入杞子再煮 5 分鐘，撒入鹽、白胡椒粉調味即可。

烹飪竅門

豬肚清洗起來比較麻煩，可用麵粉和鹽作為洗滌劑，反覆搓洗豬肚，不但能把豬肚徹底洗乾淨，還能去除豬肚的腥味。

豬肚包雞是客家名菜，它還有個很有意思的名字——鳳凰投胎。雞同鳳凰，包入豬肚，小火煨熟，宛如鳳凰投胎。豬肚爽口，雞肉鮮美，簡直是人間少有的美味。

茶樹菇老鴨湯

一碗老湯喚醒疲憊的心靈

簡單　⏱ 3 小時

材料

老鴨 ▶ 半隻（約 350 克）
乾茶樹菇 ▶ 40 克
金華火腿 ▶ 15 克

調味料

薑 ▶ 7 克
鹽 ▶ 1/2 茶匙
料酒 ▶ 1 湯匙
細香葱 ▶ 1 條
粟米油 ▶ 1 湯匙

營養貼士

1　茶樹菇溫和無毒，可補腎滋陰、抗衰老、美容。
2　鴨肉性涼，好吃不上火。常喝此湯，令人皮膚光滑、面色紅潤。

做法

1　茶樹菇用淡鹽水浸泡 20 分鐘。
2　火腿切 3 毫米厚的片狀；薑切片；香葱切碎。
3　鴨子用清水洗乾淨，剁成 1.5 厘米見方的塊狀。
4　起油鍋燒熱，下入鴨塊和薑片，大火煸炒出肥油。
5　砂鍋內加入足量清水，放入鴨塊、料酒、火腿片，大火煮開。
6　浸泡好的茶樹菇用清水沖洗乾淨。
7　把茶樹菇放入鴨湯中，小火再煲 2.5 小時。
8　出鍋撒入鹽和葱碎調味即可。

烹飪竅門

1　茶樹菇容易殘留沙子，需先提前浸泡，然後充分沖洗掉泥沙，吃起來口感才好。
2　老鴨一般比較大，兩人家庭燉半隻就足夠了。燉的過程中不要添加過多的調味料，以免掩蓋了茶樹菇和鴨子本身的鮮味。

我對茶樹菇有種深深的迷戀，新鮮茶樹菇爽脆可口，乾茶樹菇柔韌筋道，令人回味無窮。茶樹菇老鴨湯是一道經典的老湯，經過文火慢燉，湯汁與鴨子融合得恰到好處。

就是這麼滋補的靚湯
黨參鴿子湯

🍳 簡單　🕐 2 小時

材料

鴿子 ▶ 1 隻
豬肋排 ▶ 150 克
黨參 ▶ 1 條
當歸 ▶ 2 片

調味料

紅棗 ▶ 2 粒
鹽 ▶ 1/2 茶匙
薑 ▶ 5 克
細香蔥 ▶ 1 條
粟米油 ▶ 1 湯匙

營養貼士

1　黨參是名貴的中藥材，不可以長時間大量服用，否則會補氣太過，反而傷害人體的正氣，生邪燥。
2　鴿肉是高蛋白、低脂肪的肉類，是高級的滋補品。
3　肋排中蛋白質、脂肪含量豐富，少量肋排的加入可使湯水營養更全面，味道更醇厚。
4　適當喝些黨參鴿子湯有助於女士調理氣血，保持臉色紅潤。

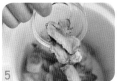 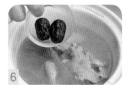 

做法

1　將鴿子處理好，洗淨，剁成大塊；排骨切成段，洗淨。
2　黨參沖洗一下；薑切片；紅棗洗淨去核。
3　鴿子和排骨入冷水鍋，加入 2 片薑，大火煮到水開後關火，撈出瀝水。
4　起油鍋燒熱，下入鴿子塊、排骨段煸炒出香味，關火。
5　將炒香的鴿子塊、排骨段放入電燉鍋中，加入黨參、當歸、剩餘的薑片和足量的水，小火慢燉 1 小時。
6　加入紅棗，繼續小火慢燉 1 個小時。
7　出鍋前撒入鹽和切碎的香蔥調味即可。

烹飪竅門

1　汆水後的鴿子和排骨若直接燉，口感會偏寡淡，用油爆炒一下，香味就激發出來了。
2　用隔水燉的做法更能牢牢鎖住湯的營養和鮮味。若沒有電燉鍋，砂鍋也是個很好的選擇。

煲肉湯的時候，很喜歡放些藥食同源的食材進去。黨參是個很好的選擇，價格便宜、功效多，本身淡淡的藥香味不但不會讓人反感，反而有一種神秘感，引人忍不住想去嘗一口。

CHAPTER 2　養顏美容湯

烏魚肉絲湯

有愛的生活才完美

簡單　🕐 30 分鐘

材料

烏魚 ▶ 1 條（約 500 克）
豬柳 ▶ 150 克
毛豆 ▶ 50 克
泡發木耳 ▶ 30 克

調味料

薑 ▶ 7 克
鹽 ▶ 1/2 茶匙
料酒 ▶ 1 湯匙
細香蔥 ▶ 2 條
葵花子油 ▶ 1 湯匙

營養貼士

烏魚肉質細嫩，能祛瘀生新、滋補身體、消除水腫，適合產後、病後的婦女食用，能加速傷口癒合。

  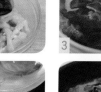 
  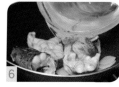 

做法

1 烏魚去內臟，清洗乾淨，切塊備用。
2 豬柳洗乾淨，切細絲，用料酒醃製 5 分鐘。
3 新鮮毛豆洗乾淨。木耳泡發好，洗淨。
4 薑切片，蔥打結。
5 起油鍋燒熱，下入薑片、烏魚塊煎香。
6 加開水進去，至浸過烏魚塊，大火煮 5 分鐘。
7 加入毛豆、木耳、肉絲、蔥結，小火煮 10 分鐘。
8 起鍋前撒鹽調味即可。

烹飪竅門

1 煮魚湯一定要選新鮮的活魚，魚的新鮮程度越高，越容易熬出濃白的湯汁。
2 魚要先煎，再加開水大火猛煮，這樣煮出來的魚湯潔白濃香。

女人剖宮產手術後元氣大傷，需要些收斂的湯水幫助傷口快速癒合，恢復身體機能。烏魚骨少柔嫩，煲成的湯十分鮮美可口，還能有效地促進傷口癒合，產婦一定會愛上它。

破解青春永駐的密碼
馬蹄魚肚羹

簡單　⏱ 40 分鐘

材料

泡發魚肚 ▸ 100 克
馬蹄 ▸ 40 克
蝦仁 ▸ 30 克
雞蛋 ▸ 1 個
冬菇 ▸ 1 朵
泡發木耳 ▸ 30 克
小棠菜 ▸ 30 克

調味料

生粉 ▸ 1 茶匙
鹽 ▸ 1/2 茶匙
橄欖油 ▸ 適量

營養貼士

花膠含有豐富的膠原蛋白、多種維他命及微量元素，其中蛋白質含量極高，脂肪含量少，能調節女士的內分泌，保養卵巢，滋養修復受損的子宮，是對女士特別有益的食材。

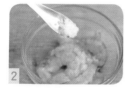

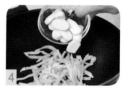

做法

1 魚肚提前一晚上泡發，切成細絲。
2 蝦仁用鹽和生粉抓勻，醃製 15 分鐘。
3 馬蹄去皮，洗淨，切片。冬菇洗淨，去蒂，切片。木耳洗淨，切絲。小棠菜洗淨，切碎。
4 將魚肚絲、馬蹄片、冬菇片、木耳絲放入鍋中，加水煮 20 分鐘。
5 雞蛋打入碗中打散，緩緩倒入魚肚湯裏，邊倒邊用湯勺攪動。
6 蝦仁洗淨，放入鍋中，再加入青菜碎。
7 生粉加水調成稀糊狀，緩緩倒入湯中，用湯勺攪拌均勻。
8 下鹽調味，淋入橄欖油，出鍋即可。

烹飪竅門

1 挑選花膠時，可以把花膠放在燈光下照一照，半透明狀為質量上乘。
2 蝦仁提前用鹽和生粉醃製片刻，然後洗淨後再烹製，口感更脆嫩。

魚肚又稱花膠，是對女士駐顏有益的補品。花膠湯在飯店裏頗為常見，經常被列為高檔湯品；雖準備過程稍顯煩瑣，但製作過程比較簡單。

好喝不怕胖
鯽魚豆腐湯

`簡單` `30 分鐘`

材料
鯽魚 ▸ 1 條（約 300 克）
老豆腐 ▸ 150 克

調味料
薑 ▸ 1 塊
細香蔥 ▸ 2 條
料酒 ▸ 1 湯匙
鹽 ▸ 1/2 茶匙
葵花子油 ▸ 1 湯匙

做法

1 鯽魚處理好後洗乾淨，用料酒醃製 15 分鐘。
2 豆腐洗淨，切成約 1 厘米見方的塊狀。
3 薑切片，蔥打結。
4 起油鍋燒熱，下入鯽魚煎製。
5 煎至鯽魚兩面焦黃。
6 趁熱加入開水，大火煮 5 分鐘。
7 加入豆腐塊、薑片、蔥結，小火煮 10 分鐘。
8 撒入鹽調味，出鍋即可。

胃口欠佳的時候需要來碗鮮美的濃湯，鯽魚豆腐湯正是不二之選。鮮美的魚湯裏是浸滿了鮮香滋味的豆腐，營養滋補還不胖人。這樣的美味，來上兩碗都不嫌多。

營養貼士

鯽魚所含的氨基酸種類豐富，且易消化吸收。鯽魚豆腐湯是溫和滋補的好湯，哺乳期婦女多喝此湯有助於上奶。

烹飪竅門

1 鯽魚不要直接煮，須先煎後煮，然後大火快煮，才能煮出濃白的湯汁。
2 鯽魚也可以用鯉魚、鯇魚及其他常見的魚類代替。

3

知心愛人湯

男人是家中的支柱，
事業和生活的雙重壓力，
都會給男人帶來不小的
精神壓力和體力損耗，
所以男人更需要進補。
藥補不如食補，
喝湯是快捷的滋補方式，
不同的湯有不同的功效，
男士們可以根據自身的身體狀況
選擇適合自己的好湯。

菇菌養生遠離癌症
雜菌豆腐湯

🍲 簡單 🕐 30 分鐘

營養貼士

菇菌類食材鮮香柔嫩，入口綿柔，含有豐富的蛋白質、維他命、礦物質，與豆腐同煮能產生極其鮮美的香味，可謂是天然的味精。男士多吃菇菌能改善疲勞，增強免疫力。

材料

冬菇 ▸ 1 朵
蘑菇 ▸ 1 朵
白玉菇 ▸ 60 克
嫩豆腐 ▸ 200 克
芹菜 ▸ 40 克
金華火腿 ▸ 20 克
雞蛋 ▸ 1 個
上湯 ▸ 1000 毫升

調味料

香葱 ▸ 1 條
鹽 ▸ 1/2 茶匙
橄欖油 ▸ 1 湯匙

   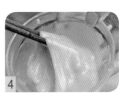

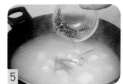   

做法

1 將嫩豆腐用水沖洗淨，切成 1 厘米見方的小塊。香葱洗淨，切葱花。
2 菇菌分別切掉老根，洗淨，白玉菇切段，冬菇、蘑菇切成薄片。
3 芹菜去掉老葉，洗淨，切成 1 厘米長的小段。火腿切 0.4 厘米粗的絲。
4 雞蛋打入碗中，用筷子打散成蛋液。
5 上湯倒入鍋中，加入嫩豆腐塊、火腿絲，大火煮開後調中小火煮 5 分鐘。
6 加入冬菇片、蘑菇片、白玉菇段、芹菜段，再煮 2 分鐘。
7 淋入蛋液攪散呈蛋花狀。
8 加入鹽、橄欖油調味，盛出，撒葱花即可。

烹飪竅門

各種菇菌可以靈活替換，比如金針菇、蟹味菇、杏鮑菇都可以用來煮湯。如果沒有上湯，可以用濃湯寶。芹菜可以換成青菜、紅蘿蔔之類。取材多變，鮮味不改。

菇菌的鮮味比味精要鮮美得多。一些常見的菇菌類價格不貴，購買也方便，大超市裏甚至專門售賣菇菌拼盤。用菇菌代替味精，簡單烹煮，就能得到一碗珍饈，鮮濃可口。

栗子花生瘦肉湯

腰好腿好身體好

簡單 ● 80 分鐘

材料
豬柳 ▸ 300 克
新鮮栗子 ▸ 150 克
乾花生米 ▸ 80 克
西蘭花 ▸ 2 朵（約 40 克）
紅蘿蔔 ▸ 40 克

調味料
薑 ▸ 5 克
鹽 ▸ 1/2 茶匙

營養貼士
栗子中維他命 C 的含量是蘋果的十幾倍，還含有豐富的礦物質；花生中的脂肪酸能讓心臟更健康。花生和栗子都是補腎的好食物，對男士因脾胃虛寒引起的腹瀉、腰膝酸軟有良好的緩解作用。

  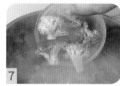 

做法
1 花生米洗淨，用清水煮 5 分鐘。
2 將花生米剝去粉色外皮。薑切片。
3 栗子上用刀劃一刀，放開水裏煮 2 分鐘。
4 剝去栗子的外皮，留黃色果肉。
5 西蘭花、紅蘿蔔、里脊肉分別洗淨，切成大約 2 厘米見方的塊備用。
6 將豬柳塊、紅蘿蔔塊、栗子、花生米、薑片放入燉鍋，加水至燉鍋九成滿，小火慢燉 1 小時。
7 最後 5 分鐘加入西蘭花同煮。
8 燉好後撒入鹽調味即可。

烹飪竅門
花生皮有苦澀的味道，而且煮的時候會褪色，影響湯的顏色，所以需提前剝去。

這是一道清爽的湯，簡單卻不失鮮美。花生和栗子都是補腎之物，一同煲湯很適合男士食用。用電燉鍋煲上，沒有一點油煙，安安靜靜等待一鍋好湯出鍋吧！

一碗根本喝不夠
瘦肉豬腰湯

`簡單` `30 分鐘`

材料
豬腰 ▶ 1 對
豬柳 ▶ 50 克
泡發木耳 ▶ 15 克
小棠菜 ▶ 1 棵

調味料
鹽 ▶ 1/2 茶匙
白胡椒粉 ▶ 少許
料酒 ▶ 1 湯匙
葵花子油 ▶ 1 湯匙

營養貼士
豬腰就是豬腎，含有鈣、鐵、磷和維他命等，男士常喝豬腰湯，能緩解腎虛導致的腰酸、腰痛。

做法
1 豬腰洗淨，對半剖開。
2 剔去內部白色的筋膜。
3 處理乾淨的豬腰切成薄片，豬柳切成 4 毫米粗細的絲。
4 泡發木耳、小棠菜用清水洗乾淨，薑切片。
5 起油鍋燒熱，下入薑片炒香。
6 加入腰片和肉絲、木耳翻炒。
7 加入料酒和 1 湯碗開水，大火煮開至湯水濃白。
8 放入小棠菜燙熟，加入鹽、白胡椒粉調味即可。

烹飪竅門
豬腰內部的白色筋膜是豬腰腥味的來源，要把這些白筋剔除乾淨，煮出來的湯才沒有異味。先炒再煮，立即沖入開水，更容易把湯汁熬得濃白。

不要被豬腰的形狀給嚇到了，它可是名副其實的大補之品。家常豬腰湯做法非常簡單，只需注意幾個小小的細節，你也能做出非常好喝的豬腰湯。

陪伴是最長情的告白
黨參豬心湯

🍲 簡單　⏱ 2.5 小時

材料
豬心 ▶ 1 個
豬柳 ▶ 150 克
黨參 ▶ 10 克

調味料
麵粉 ▶ 2 湯匙
薑 ▶ 1 塊
鹽 ▶ 1/2 茶匙
白胡椒粉 ▶ 少許

營養貼士

1 豬心含有豐富的蛋白質、脂肪等，可以養心補腎、安神活血，適合工作過於疲勞、精神壓力大、心煩氣躁、健忘者食用。
2 黨參是一種中藥材，可補益身體，但不宜長期大量服用，否則會傷害人體的正氣，生邪燥。

  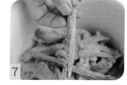 

做法

1 豬心沖洗乾淨，對半切開，沖洗掉殘留的血水。
2 豬心撒上鹽、麵粉，反覆揉搓。
3 用清水沖掉豬心上的麵粉，豬心就洗得很乾淨了。
4 將豬心切成薄片，薑切片。
5 鍋中加入冷水，放入豬心片、薑片，開大火煮，水滾即關火。
6 撈出豬心再次沖洗乾淨。豬柳切絲。
7 將所有食材加入電燉鍋中，慢火煲 2 小時至豬心熟爛。
8 撒入鹽和白胡椒粉調味即可。

烹飪竅門

豬心好吃卻不易清洗。很多人不會處理豬心，其實只要借助一匙麵粉（沒有麵粉可以用生粉代替），再加少許鹽一同搓洗，就能輕鬆地洗去豬心裏的血污，且清潔的同時還能消毒殺菌。

中國人對飲食講究以形補形，豬心湯適合精神壓力大、失眠健忘者。用豬心熬製的湯，湯汁鮮美，隔三五日喝一次，能養心安神。

益氣補血　活力滿滿

豬血豆腐湯

簡單　⏱30 分鐘

材料

豬血 ▶ 150 克
嫩豆腐 ▶ 100 克
瘦肉 ▶ 20 克
菠菜 ▶ 30 克
韭菜 ▶ 20 克

調味料

料酒 ▶ 1 湯匙
老抽 ▶ 少許
鹽 ▶ 1/2 茶匙
白胡椒粉 ▶ 1 克
老醋 ▶ 1/2 湯匙
薑 ▶ 5 克
粟米油 ▶ 1 湯匙

營養貼士

豬血中含有豐富的鐵元素，有良好的補血功能。嫩豆腐中含有豐富的植物蛋白和多種礦物質。二者同煮，在補血的同時還能淨化血管，改善骨質疏鬆等。

做法

1 將豬血和嫩豆腐洗淨，切成 1 厘米見方的小塊。
2 瘦肉洗淨，切成 0.4 厘米粗細的肉絲。薑切細絲。
3 菠菜洗乾淨，去根。韭菜切 2 厘米長的段。
4 起油鍋燒熱，下入薑絲、肉絲爆香。
5 加入豬血塊略微翻炒至表面變色。
6 倒入開水至浸過豬血塊，大火煮開。
7 加入豆腐塊、料酒、老抽，中小火煮 8 分鐘。
8 加入菠菜、韭菜段、鹽、老醋、白胡椒粉，煮幾十秒即可。

烹飪竅門

1 豬血提前用油高溫略炒，能有效去除其腥味。
2 嫩豆腐不需久煮，以 8 分鐘左右為宜。

豬血是非常廉價的健康食品，廣東地區稱之為豬紅。在很多地方的大排檔都能看到豬血湯的身影，豬血湯製作簡便，味道鮮美無腥味。在剛煮好的豬血湯裏趁熱撒上胡椒粉，在寒冷的冬日裏來上一碗，暖胃舒心。

無花果蓮藕龍骨湯

潤肺解毒　延年益壽

簡單　2 小時

材料
龍骨（豬脊骨）▶ 500 克
蓮藕 ▶ 200 克
無花果乾 ▶ 6 個

調味料
薑 ▶ 10 克
杞子 ▶ 5 克
鹽 ▶ 1/2 茶匙

營養貼士
無花果乾中含有蛋白酶等，能促進消化，潤腸道，是愛煲湯的廣東人最愛的食材之一。常喝無花果湯有清心潤肺之效。

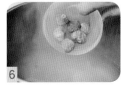
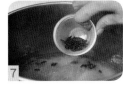

做法
1 龍骨切成 10 大塊，沖洗淨。
2 將龍骨冷水入鍋，煮至水滾即關火。
3 撈出龍骨，用溫水沖去血沫備用。
4 蓮藕去皮，洗淨，切成約 30 克重的塊。無花果乾、杞子洗乾淨，薑切片。
5 燉鍋中加入約 2000 毫升的水，放入龍骨塊、蓮藕塊、薑片，大火煮開後改小火煲 1 小時。
6 加入無花果乾，再煲半小時。
7 最後 5 分鐘加入杞子同煲。
8 出鍋前撒入鹽調味即可。

烹飪竅門
選擇燉湯的蓮藕有訣竅——蓮藕有七孔和九孔之分。切開蓮藕看截面，七孔的蓮藕澱粉含量高，口感軟糯，適合煲湯；九孔藕口感偏脆嫩，汁水多，適合涼拌或清炒。

無花果是很好吃的水果，新鮮的無花果可以直接吃，也可以用來做成各種點心，還可以曬乾後用來煲湯。無花果乾有清熱解毒的功效，跟蓮藕、花生同煲，湯汁醇厚。

海帶粟米排骨湯

男人也需要點顏色

簡單 ● 2 小時

材料

排骨 ▶ 400 克
海帶結 ▶ 100 克
粟米 ▶ 150 克
紅蘿蔔 ▶ 100 克

調味料

薑 ▶ 7 克
鹽 ▶ 1/2 茶匙
粟米油 ▶ 1 湯匙

營養貼士

1 排骨中含有豐富的蛋白質、鈣質、骨膠原等，對骨質健康有益。
2 海帶含有豐富的礦物質，粟米含有大量的紅蘿蔔素、膳食纖維，均是非常有益健康的食材。
3 上述食材一起煲湯，能幫助男士排出身體毒素，健康長壽。

   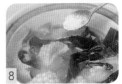

做法

1 將排骨洗乾淨，切成 2 厘米長的段。薑切片。海帶結、粟米洗淨，瀝乾。
2 鍋中加入冷水，放排骨段、薑片進去，大火煮至水滾就關火。
3 將排骨撈出，用溫水沖去血沫。
4 起油鍋燒熱，下入排骨煎至表面略微呈金黃色。
5 一次性加入足量的開水（約 2000 毫升），煮開，大火燉 20 分鐘至湯汁變成濃白。
6 將排骨段連湯一起倒入砂鍋中，加入海帶結、粟米，小火先煲 1 小時。
7 將紅蘿蔔洗淨，切成約 10 克重的滾刀塊，加入湯中繼續煲 20 分鐘。
8 撒入鹽調味，出鍋即可。

烹飪竅門

粟米建議選用黃粟米，不要去掉粟米芯，這樣煮出來的湯鮮美微甜，有獨特的田野清香。排骨先用大火煮，後改小火慢燉，能熬出濃白的湯汁。

海帶是不可多得的降血壓的好食材。海帶排骨湯不僅美味，還有很高的營養價值，其做法簡單家常，不需要特殊的技巧，有時間可多給自己煲來喝。

廣東人的老火靚湯
霸王花扇骨湯

簡單　2小時

材料

豬扇骨 ▶ 1 片（約 500 克）
紅蘿蔔 ▶ 200 克
霸王花 ▶ 40 克

調味料

蜜棗 ▶ 6 粒
薑 ▶ 8 克
鹽 ▶ 1/2 茶匙

營養貼士

1 霸王花浸泡前後要仔細清洗，因為在曬乾的時候花縫裏會藏匿一些沙土，如果未清理乾淨會影響口感。

2 豬扇骨可以換成豬筒骨、龍骨、排骨，做法一樣。

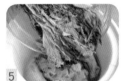

做法

1 霸王花沖洗一下，提前用水浸泡約 1 小時，仔細洗淨。

2 豬扇骨剁成約 30 克重的大塊，洗淨。薑切片。

3 將豬扇骨和冷水一起入鍋，放入 4 克薑片，大火煮開即關火。

4 將豬扇骨撈出，用溫水沖洗乾淨。

5 將霸王花和豬扇骨一起放入電燉鍋中，加入剩餘薑片，慢火煲半個小時。

6 將紅蘿蔔洗淨，切成約 15 克重的滾刀塊。

7 電燉鍋中加入紅蘿蔔塊和蜜棗，繼續燉 1 小時。

8 撒入鹽調味即可。

烹飪竅門

霸王花中富含蛋白質、纖維素、鈣、磷等，味甘微寒。常喝霸王花排骨湯對喉嚨好，能清熱潤肺，除痰止咳。

這道湯是傳統的廣式靚湯，不但
是廣東地區的家常湯水，還是大
飯店裏常見的湯品。霸王花又叫
劍花，將其曬乾後煮湯，湯汁清
香微甜，可潤肺止咳。

砂鍋牛尾湯

屬男人的強身健體湯

簡單 ● 2 小時

材料

牛尾 ▶ 500 克
黃豆 ▶ 30 克
海帶結 ▶ 100 克
紅棗 ▶ 3 粒

調味料

薑 ▶ 1 塊
大葱 ▶ 10 克
味噌 ▶ 2 湯匙
黃酒 ▶ 10 毫升
鹽 ▶ 1/2 茶匙

營養貼士

牛尾含有蛋白質和多種維他命，膠質含量高，多筋骨、少膏脂，風味十足。男士喝牛尾和黃豆煲的湯能強筋健骨、強壯身體。

做法

1. 黃豆提前浸泡 1 小時。紅棗洗淨，去核。
2. 牛尾洗淨，切塊。薑切片。
3. 牛尾塊入冷水鍋，水量浸過牛尾塊即可，加薑片，大火煮至水滾即關火，撇去血沫。
4. 撈出牛尾塊，用溫水沖洗乾淨。
5. 將牛尾塊、黃豆、薑片、黃酒、紅棗、大葱加入湯鍋中。
6. 一次性加入足量的清水至浸過食材，大火燒開後轉小火，先燉 1.5 小時。
7. 加入洗乾淨的海帶結，再燉半小時至海帶結軟爛。
8. 關火，加鹽、味噌攪勻即可。

烹飪竅門

1. 這個湯一定要燉爛才好喝。如果沒有時間，可以換成電壓力鍋去燉，比較節省時間，兩個小時足以燉至軟爛。
2. 牛尾去血水的步驟不可省略，這樣處理後的牛尾沒有異味，湯色也漂亮。

牛尾是老少皆宜的滋補食材，一般用來煮湯。牛尾經過長時間燉煮，營養成分會充分釋放出來，口感醇厚。這是一道製作簡單的佳餚。

紅紅火火的酸湯佳餚
番茄燉牛腩

🍲 簡單 ⏱ 90 分鐘

材料

牛腩 ▶ 400 克
番茄 ▶ 2 個（約 300 克）
洋葱 ▶ 半個（約 150 克）

調味料

薑 ▶ 8 克
香葱 ▶ 2 條
鹽 ▶ 1/2 茶匙
粟米油 ▶ 1 湯匙

營養貼士

牛腩含有品種豐富的氨基酸，
脂肪含量低，礦物質和維他命
含量豐富。番茄燉牛腩能開胃，
強筋骨，補脾胃。

做法

1 將牛腩切成小塊，冷水浸泡 1 小時去除血水。
2 番茄洗淨，頂部劃十字花刀，入開水中浸泡 2 分鐘。
3 撕去番茄外皮。
4 將番茄切成 1 厘米大小的丁。洋葱撕去外層乾皮，切同樣大小的丁。
5 薑切片，香葱切碎。
6 起油鍋燒熱，下入番茄丁和洋葱丁翻炒。
7 將炒好的番茄丁、洋葱丁倒入壓力鍋中，加入約 2500 毫升的水，放入牛腩塊、薑片，小火煮 90 分鐘左右。
8 待排氣後開鍋，撒入鹽、葱碎即可。

烹飪竅門

1 番茄去除外皮再烹飪，口感會更好。如果口味偏重，還可以加入 1 匙番茄醬調色。
2 根據個人喜好，可以加入馬鈴薯或者紅蘿蔔等同燉。

牛腩是牛身上最嫩的部位的肉，最經典的搭配就是與番茄同煮。這道湯看似簡單，但要做得好吃卻並不容易，正宗的番茄燉牛腩湯色紅潤，肉香濃郁，牛肉香嫩不乾柴，非常美味。不妨跟着如下步驟，親手做一碗好喝的番茄燉牛腩吧！

金陵鴨餚甲天下
鴨血粉絲湯

🍲 簡單 ⏱ 30 分鐘

營養貼士

鴨血中含有維他命 K，有止血的作用；鴨血可以通腸道，預防重金屬中毒；鴨血脂肪含量低，男士適當吃些鴨血能淨化血管，提高免疫力。

材料

生鴨血 ▸ 150 克
生鴨腸 ▸ 100 克
生鴨胗 ▸ 50 克
生鴨肝 ▸ 50 克
粉絲 ▸ 1 小把
豆腐卜 ▸ 3 個
上湯 ▸ 600 毫升

調味料

鹽 ▸ 1/2 茶匙
白胡椒粉 ▸ 少許
料酒 ▸ 1 湯匙
辣椒油 ▸ 1 茶匙
芫荽 ▸ 5 克
薑 ▸ 5 克

做法

1 將鴨血、鴨腸、鴨胗、鴨肝分別洗淨，入冷水鍋，加少許鹽（分量外）和少許料酒（分量外）煮 30 分鐘。

2 將鴨血切成拇指粗細的條，鴨腸切 3 厘米長的段，鴨胗和鴨肝切 0.3 厘米厚的片。

3 粉絲提前用清水浸泡 10 分鐘。

4 芫荽洗淨，切碎。薑磨成薑蓉。

5 燒滾一鍋水，放入粉絲煮至九成熟。

6 將煮好的粉絲撈出，裝入碗中，加入鹽、白胡椒粉，再淋入燒滾的上湯。

7 擺上切好的鴨血和內臟，放入豆腐卜、芫荽碎，依個人口味添加辣椒油即可。

烹飪竅門

很多大型超市都有濃縮上湯塊成品售賣。如果自己不會煮或者顧不上煮，可以買現成的，也可以將鴨架加水小火煲 1 小時做成上湯。一次可以多做些，放入冰箱冷凍儲存，隨吃隨取。

鴨血粉絲湯是南京的知名美食之一，既可以是湯又可以是菜。冰箱裏備上幾樣食材，深夜餓極時自己動手，快速煮一份開胃的鴨血粉絲湯，喝湯吃粉絲，很有滿足感。

酸菜魚頭湯

聰明的頭腦吃出來

[簡單] [40 分鐘]

材料
鱅魚頭 ▶ 1 個（約 500 克）
酸菜 ▶ 200 克

調味料
小米椒 ▶ 5 隻
鹽 ▶ 1/2 茶匙
料酒 ▶ 1 湯匙
老抽 ▶ 少許
薑 ▶ 10 克
大蒜 ▶ 4 瓣
香葱 ▶ 2 條
葵花子油 ▶ 1 湯匙

營養貼士
魚頭中不但含有蛋白質、維他命、鈣、鐵等，還含有能增強記憶力和思維能力的卵磷脂，因此「常吃魚頭可以變聰明」的說法是有科學依據的，常吃魚頭能延緩腦力衰退。

做法
1 將魚頭用清水沖洗乾淨，瀝乾，對半剖開。
2 酸菜切碎，薑切薄片，蒜瓣拍碎。小米椒洗淨，切 0.5 厘米長的段。香葱洗淨，切葱花。
3 起油鍋燒熱，加入薑片、蒜末、小米椒段炒出香味。
4 放入切成兩半的鱅魚頭。
5 將魚頭煎至兩面焦黃。
6 加入足量的開水至浸過魚頭，大火煮開。
7 加入酸菜碎、料酒、老抽，中小火煮 10 分鐘。
8 加入鹽調味，出鍋，撒葱花即可。

烹飪竅門
魚頭不宜久煮，否則鮮味容易流失，魚肉易變得鬆散；一般以煮 10 分鐘左右為宜。湯汁裏可以浸泡煮熟的米粉、麵條。

民間有「多吃魚頭會變聰明」的說法。湖
南人和江西人都十分鍾愛魚頭——這裏所
說的魚頭通常指的是花鰱的魚頭。花鰱又
稱大頭魚，肉多而鮮美，搭配爽口的酸
菜，喜辣者可以多加辣椒，十分開胃。一
碗魚湯澆米飯，分分鐘就被一掃而光。

鯽魚菇菌湯

清熱解毒　保持年輕態

簡單　30分鐘

材料

鯽魚 ▸ 1 條（約 400 克）
冬菇 ▸ 2 朵
白玉菇 ▸ 60 克
姬松茸 ▸ 150 克
紅蘿蔔 ▸ 50 克
鮮粟米 ▸ 50 克
牛奶 ▸ 20 毫升

調味料

薑片 ▸ 7 克
鹽 ▸ 1/2 茶匙
粟米油 ▸ 1 湯匙

營養貼士

1 鯽魚營養成分極其豐富，含蛋白質、維他命等多種營養素。
2 菇菌類食材口感柔韌，富含微量元素。多種菇菌與鯽魚同煮成湯，能增強免疫力，延緩衰老。

做法

1 鯽魚處理好，洗乾淨，劃上斜刀，瀝乾備用。
2 冬菇、姬松茸、白玉菇分別洗淨，切去老根，冬菇表面劃十字花刀，姬松茸切成約 0.3 厘米厚的片。
3 紅蘿蔔洗淨，切菱形片。粟米切大約 1 厘米厚的片。
4 起油鍋燒熱，下入鯽魚煎製。
5 煎至鯽魚兩面金黃。
6 倒入開水至浸過鯽魚，放入薑片，大火煮 3 分鐘。
7 加入各種配料食材，中小火煮 5~10 分鐘。
8 加入牛奶，加鹽調味即可。

烹飪竅門

鯽魚腹內有黑色的膜，清洗的時候要將這層膜清洗乾淨，烹製後的鯽魚就不會有腥味了。

鯽魚肉嫩又細膩，是老少皆宜的好食材。用各種菇菌與鯽魚同煮，湯汁奶白如玉，各種食材都鮮美得恰到好處。

舌尖上的愛很濃烈
冬瓜瑤柱鱔魚湯

🍳 簡單　⏱ 30 分鐘

材料
冬瓜 ▶ 150 克
黃鱔 ▶ 250 克
泡發芡實 ▶ 60 克
瑤柱 ▶ 30 克

調味料
薑 ▶ 5 克
大蔥 ▶ 10 克
鹽 ▶ 1/2 茶匙
白胡椒粉 ▶ 少許
葵花子油 ▶ 約 1000 毫升

營養貼士
鱔魚中含有蛋白質、脂肪、鈣及多種維他命，可養肝護肝。男士常吃鱔魚，能降低血液中的膽固醇濃度，延緩大腦衰老。

做法
1 瑤柱和芡實提前用冷水浸泡半小時。
2 冬瓜去皮、瓤，洗淨，切成拇指粗細的條狀。薑切片。大蔥洗淨，切段。
3 黃鱔去除內臟，洗淨，切段，瀝乾水。
4 炒鍋內多倒一些油，燒至七成熱後下入黃鱔段進去炸。
5 將炸好的鱔段撈出，鍋中留底油。
6 下入鱔段，煸炒後加入開水。
7 加入冬瓜條、芡實、瑤柱、薑片、蔥段煮20 分鐘。
8 撒入鹽和白胡椒粉調味，出鍋即可。

烹飪竅門
鱔魚可以讓賣魚的人提前宰好。鱔魚血有微微的毒性，一定要徹底清洗乾淨後再烹製。

鱔魚一般指黃鱔，是一種兇猛的物種。因為牠行動敏捷，運動力強，所以其肉質結實又肥美。鱔魚中的各種營養素對男士養生非常有益，烹製起來也並不複雜。

男人的快手補湯
山藥泥鰍湯

簡單　● 30 分鐘

材料
泥鰍 ▶ 400 克
山藥 ▶ 200 克
蝦仁 ▶ 80 克
青菜 ▶ 20 克

調味料
薑 ▶ 6 克
鹽 ▶ 1/2 茶匙
菜籽油 ▶ 約 1500 毫升

營養貼士
泥鰍中含有豐富的鐵元素，對貧血人士有顯着的補血功效；山藥是藥食同源的天然食品，可健脾養胃。

做法
1 將泥鰍洗乾淨，用隔篩裝起來瀝乾水。薑切片。
2 山藥去皮，洗淨，切成每個約 20 克的滾刀塊。
3 蝦仁、青菜洗乾淨。
4 鍋中多放一些油燒熱，下入瀝乾水的泥鰍，炸至焦黃後撈出。
5 鍋內留底油，加入 1 湯碗開水，放入炸泥鰍和薑片，大火煮開。
6 加入山藥塊，中小火煮約 10 分鐘至軟爛。
7 加入蝦仁和青菜。
8 煮幾十秒後撒入鹽調味即可出鍋。

烹飪竅門
泥鰍炸製的時候要瀝乾水，若等不及瀝乾，可以用廚房紙巾吸乾水，不然炸的時候熱油四濺，容易燙傷人。

泥鰍是大自然饋贈的美味珍饈，營養
豐富，味道鮮美，可做湯亦可做菜。
現在吃泥鰍方便多了，大型超市及街
市都有售賣。復刻一道兒時的美味吧，
超適合男士呢！

愛到深處自然濃
鮮蠔豆腐味噌湯

🍲 簡單 ⏱ 30 分鐘

材料

生蠔 ▶ 200 克
豆腐 ▶ 150 克
米酒 ▶ 60 克
紅蘿蔔 ▶ 20 克
芹菜 ▶ 15 克
腐皮 ▶ 10 克
上湯 ▶ 1000 毫升

調味料

白味噌 ▶ 2 湯匙
鹽 ▶ 1/2 茶匙

營養貼士

生蠔也叫牡蠣、海蠣子，其肉質肥嫩，味道鮮美，含有大量的蛋白質和人體極易缺乏的鋅元素。男士們多吃生蠔有壯陽的功效，還能使頭腦靈活。

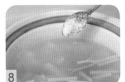

做法

1 將生蠔去殼，用鹽輕輕搓洗乾淨，放在一邊瀝乾水。
2 豆腐洗淨，切成 1 厘米見方的小方塊。
3 紅蘿蔔洗淨，切菱形片。芹菜洗淨，切成約 3 厘米長的段。腐皮洗淨，切成 0.5 毫米寬的小條。
4 砂鍋中加入上湯，大火煮滾。
5 加入豆腐塊、紅蘿蔔片、腐皮，中小火煮 5 分鐘。
6 加入生蠔、味噌，用湯勺攪拌均勻，再煮大約 3 分鐘。
7 加入芹菜段、米酒，煮 2 分鐘。
8 加入鹽調味即可。

烹飪竅門

1 生蠔一定要新鮮，不能有異味。
2 生蠔用鹽搓洗的時候不要太用力，防止搓破。
3 蔬菜下鍋要有先後順序，成熟度才會一致。

有人說，男人到了三十歲依然是個孩子，疲憊了一天回到家，妻子精心準備的一碗濃湯就能輕而易舉地溫暖他。跟所愛的人共進一碗好湯吧！

預防男士更年期
梭子蟹冬瓜湯

簡單　30 分鐘

材料
梭子蟹 ▸ 1 隻（約 200 克）
基圍蝦 ▸ 5 隻
花螺 ▸ 10 個
鮑魚 ▸ 4 隻（約 80 克）
泡發瑤柱 ▸ 20 克
冬瓜 ▸ 180 克
娃娃菜 ▸ 60 克

調味料
薑 ▸ 10 克
白胡椒粉 ▸ 少許
小香葱 ▸ 1 條
鹽 ▸ 1/2 茶匙
粟米油 ▸ 1 湯匙

營養貼士
梭子蟹和各種海鮮中都含有豐富的蛋白質、維他命、卵磷脂等營養元素，與消腫利水的冬瓜同煮，可養精、益氣，預防男士更年期症狀。

做法

1 將梭子蟹洗淨，揭下蟹蓋，清理乾淨，剁成 4 大塊。

2 蝦剪去鬚子和蝦頭頂端，鮑魚處理乾淨，花螺洗乾淨，薑切片。

3 冬瓜無須去皮，洗淨，切開去瓤，切成約 0.5 厘米厚的片狀。

4 娃娃菜洗淨，對半剖開。香葱洗淨，切碎。

5 起油鍋燒熱，下入蟹塊、瑤柱、薑片炒香。

6 加入 1000 毫升開水，大火煮開後加花螺、鮑魚、冬瓜片，煮 5 分鐘。

7 加入娃娃菜、蝦，中小火再煮 5 分鐘。

8 加入鹽、白胡椒粉調味，盛出，撒香葱碎即可。

烹飪竅門
這幾種海鮮都無須久煮。以螃蟹、蝦、冬瓜為主要食材，將其他食材靈活替換，每次都有不同口味的海鮮湯喝。

沿海地區的朋友喜歡用海鮮作為食材煲湯。擅長吃海鮮的他們用巧手將一個個鮮活的海鮮靈活組合，做成一道道美味的鮮湯，清爽不油膩，鮮美無比。越新鮮的海鮮，做出來的湯越鮮美。

消腫去濕
不做油膩大叔
冬瓜蜆肉湯

🍲 簡單 ⏱ 20 分鐘

材料

蜆 ▶ 400 克
冬瓜 ▶ 200 克

調味料

香葱 ▶ 1 條
薑 ▶ 6 克
鹽 ▶ 1/2 茶匙
葵花子油 ▶ 1 湯匙

做法

1 準備一盆大約 1000 毫升的清水，加入鹽、麻油。
2 放入蜆，等待 1 小時，讓蜆吐乾淨泥沙。
3 冬瓜去皮、瓤，洗淨。薑切細絲。香葱洗淨，切碎。
4 將冬瓜切成約 0.4 厘米厚的薄片備用。
5 起油鍋燒熱，下入冬瓜片炒至八成熟。
6 加入開水，再次煮開後加入蜆、薑絲，加蓋稍燜片刻至蜆開口即關火。加鹽、葱碎調味即可。

蜆是一種便宜的小海鮮，宵夜檔和大排檔上常見牠的身影。蜆最鮮美的做法是做湯，不放一粒味精，鮮到掉眉毛，緩解油膩不上火。

營養貼士

1 蜆肉中含有維他命和多種礦物質，有生津、去濕之效。
2 蜆與冬瓜同煮，能解暑、降火、去水腫，肥胖的男士喝這個湯還有減肥的作用。

烹飪竅門

新鮮蜆用鹽水加麻油浸泡是為了讓其吐乾淨泥沙，水溫以 20℃ 左右為宜，太燙會燙熟蜆，太涼則蜆不吐沙。

4

延年益壽湯

隨着年齡的增長，
身體的各項機能會出現
不同程度的衰退現象。
對於老年人而言，
吃得好不如吸收得好，
經過烹飪加工後的湯品，
口感和營養都可以兼顧，
特別適合咀嚼功能
和腸胃功能不好的老年人。

白菜腐竹豆腐湯

父母的身體更需要呵護

簡單　🕐 30 分鐘

材料

大白菜 ▸ 150 克
乾腐竹 ▸ 100 克
老豆腐 ▸ 350 克
乾黑木耳 ▸ 10 克

調味料

香葱 ▸ 1 條
大蒜 ▸ 1 粒
鹽 ▸ 1/2 茶匙
橄欖油 ▸ 1 湯匙

營養貼士

1 腐竹和豆腐中植物蛋白質的含量較高。黑木耳富含鈣、鐵、磷和維他命等。
2 素食湯也可以很鮮美，老人常喝這種菇菌蔬菜湯有袪病延年之功效。

做法

1 黑木耳和腐竹提前一晚浸泡至充分漲開，洗淨。黑木耳撕成片，腐竹切段。
2 大白菜洗乾淨，切成約 1 厘米寬的片狀。
3 老豆腐洗淨，切成拇指粗的條狀。香葱切碎，大蒜拍碎。
4 起油鍋燒熱，下入蒜末爆香。
5 加入豆腐條翻炒片刻。
6 加入開水至浸過豆腐條，大火再次煮開。
7 加入白菜片、腐竹段、黑木耳煮 10 分鐘。
8 撒入鹽調味，淋入橄欖油，盛出，撒葱碎即可。

烹飪竅門

泡發腐竹、木耳時，如遇高溫天氣，需用保鮮盒裝起，放入冰箱冷藏泡發，可防止因氣溫過高後滋生細菌而變質。

年紀大了以後，身體各方面機能都趕不上年輕人了，因此吃的東西也要與年輕人有所不同。這道白菜腐竹豆腐湯就很適合老年人食用，蔬菜湯易消化，膳食纖維和蛋白質含量都很豐富，做起來不耗時間，簡單得很。

大自然饋贈的一抹高貴色
紫薯百合銀耳湯

簡單　2 小時

材料

乾銀耳▶15 克　　乾百合▶20 克
紫薯▶300 克　　冰糖▶適量

做法

1 銀耳提前一晚泡發。
2 乾百合提前浸泡半小時。
3 浸泡好的銀耳洗淨，撕成小碎塊。
4 將碎銀耳放入砂鍋中，倒入足量的清水至浸過銀耳，大火煮開。
5 紫薯用削皮刀削去外皮，洗淨。
6 將紫薯切成 2 厘米見方的小塊。
7 將紫薯和百合放入砂鍋中，轉小火，慢燉90 分鐘。
8 最後 10 分鐘加入冰糖煮至溶化即可。

紫薯和銀耳煮成的湯顏色特別漂亮，紫色有些夢幻感。這還是一碗快手簡單的好湯，銀耳軟糯可口，很適合牙口不好的老人。

營養貼士

紫薯中富含花青素，花青素是天然的抗氧化劑；紫薯還含有豐富的礦物質，可以讓老年人的骨骼更健康。

烹飪竅門

1 紫薯容易氧化，故要等水燒開後削皮、切塊，直接投進鍋中，煮成的湯才能保持夢幻般的紫色。
2 銀耳浸泡的時間要充足，儘量撕碎些，會更容易煮出膠質。

接地氣的食材也能做
精緻的美食

南瓜濃湯

🍲 簡單 🕐 2 小時

材料

南瓜 ▸ 200 克　　　　新鮮薄荷葉 ▸ 2 片
椰漿 ▸ 200 毫升　　　鹽 ▸ 1/2 茶匙
淡忌廉 ▸ 約 20 毫升

做法

1 南瓜去皮、內瓤，洗淨。
2 將南瓜切成 1 厘米見方的塊狀。
3 用適量的水將南瓜煮熟。
4 取少許煮南瓜的水，和南瓜一起倒入破壁
　機中，打成可以流動的糊狀。
5 將南瓜糊倒入鍋中，加入椰漿混合均勻，
　中火煮開。
6 倒入鹽調味。
7 將南瓜糊倒入漂亮的杯子裏，表面滴上一
　滴滴的淡忌廉。
8 用牙籤沿着淡忌廉正中間劃出漂亮的拉
　花，最後擺上薄荷葉裝飾即可。

營養貼士

南瓜中含有豐富的維
他命 E，多吃能預防
阿茲海默症。

南瓜是對老年人特別友好的食物，
蒸南瓜、煮南瓜吃多了，總有吃膩
的時候。就讓老人們也時髦一回，
嘗嘗這道既精緻又漂亮還很美味的
南瓜濃湯吧。

烹飪竅門

南瓜應選擇黃心、軟糯
的老南瓜。椰漿的量可
以適當增減，以最後得
到的南瓜糊為濃稠且可
流動的狀態為佳。

西蘭花番茄雜菜湯

百善孝為先

簡單 ⏱ 30 分鐘

材料
西蘭花 ▶ 150 克
番茄 ▶ 1 個（約 150 克）
紅蘿蔔 ▶ 50 克
馬鈴薯 ▶ 50 克
上湯 ▶ 800 毫升

調味料
鹽 ▶ 1/2 茶匙
葵花子油 ▶ 1 湯匙

營養貼士
西蘭花、番茄都含有大量的維他命 C。紅蘿蔔中含有豐富的胡蘿蔔素和植物纖維。老年人吃這些食物既容易咀嚼又容易消化。

做法

1 西蘭花用淡鹽水（鹽為分量外的）浸泡 10 分鐘。

2 番茄洗淨，頂部劃十字花刀，放入開水中浸泡幾分鐘。

3 將番茄撕去外皮，切成小塊。

4 馬鈴薯去皮，洗淨，切塊。紅蘿蔔洗淨，切 1 厘米見方的小塊。

5 起油鍋燒熱，下入番茄塊翻炒出汁。

6 待番茄塊軟爛時加入上湯，大火煮開。西蘭花洗淨，瀝乾，切塊。

7 鍋中放入西蘭花塊、馬鈴薯塊和紅蘿蔔塊，再煮 8 分鐘。

8 出鍋前撒入鹽調味即可。

烹飪竅門

紅蘿蔔、西蘭花和馬鈴薯煮熟所需的時間不一樣，可以適當將西蘭花切得大些，馬鈴薯、紅蘿蔔切小些，這樣就能同時煮熟了。

西蘭花有防癌的功效，搭配新鮮時蔬煲湯，鮮香可口，很符合老年人喜食清淡的飲食習慣。年齡大了，食量也逐漸減少，有了這道營養豐富的湯品，再搭配一小碗飯就可以吃得很健康了。

番茄紫菜蝦皮湯

天然的開胃酸湯

簡單 🕐 20 分鐘

材料

番茄 ▶ 1 個（約 150 克）
紫菜 ▶ 10 克
蝦皮 ▶ 5 克

調味料

鹽 ▶ 1/2 茶匙
香葱 ▶ 1 條
麻油 ▶ 1 湯匙

營養貼士

番茄含有大量的維他命 C，能祛斑、抗氧化、降脂、降壓；紫菜中含有豐富的碘元素，能保護心血管健康。這個湯特別適合老年人喝。

 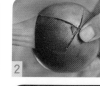  

做法

1. 番茄洗淨，頂部劃十字花刀，放入開水中煮幾十秒。
2. 撕去番茄外皮。
3. 將番茄切成薄片狀。
4. 香葱洗淨，切碎。
5. 起油鍋燒熱，下入番茄片翻炒出汁。
6. 加入足量的清水至浸過番茄片，煮開。
7. 水開後加入蝦皮和紫菜，再煮幾十秒。
8. 撒入鹽和葱碎，盛出，淋入麻油即可。

烹飪竅門

大紅色的番茄偏酸，粉色的番茄口感比較沙而酸度低，你可以根據自己的喜好來挑選。將番茄提前去皮，做好的湯口感更潤滑，湯體更清爽。

沒有食慾的時候不妨吃些酸口的東西，例如用醋烹製的菜餚。食物中也有天然的酸味劑，比如番茄，做成湯雖清淡卻十分爽口，飯前喝一碗可溫暖腸胃，開啟食慾。

軟爛易消化
芹菜葉子疙瘩湯

🍲 簡單　⏱ 30 分鐘

材料
芹菜葉子 ▸ 80 克
中筋麵粉 ▸ 150 克
雞蛋 ▸ 1 個

調味料
鹽 ▸ 1/2 茶匙
橄欖油 ▸ 1/2 湯匙

營養貼士
芹菜葉子中的胡蘿蔔素含量比芹菜莖中高出 80 多倍，維他命、蛋白質的含量也都高出十幾倍之多。看似不起眼的芹菜葉子，其實更有營養，非常適合有糖尿病、高血壓的老年人食用。

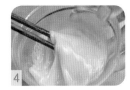

做法
1 將麵粉裝入一個乾淨的碗中。
2 緩緩倒入清水，邊倒邊用筷子攪拌，將麵粉攪拌成絮狀。
3 芹菜葉子洗乾淨，切碎。
4 雞蛋打入碗中，用筷子攪散。
5 鍋中加入 1 湯碗水，滴入橄欖油，大火燒開。
6 緩緩倒入疙瘩，用湯勺攪散。
7 煮約 1 分鐘後加入芹菜葉子。
8 緩緩倒入蛋液攪散，加入鹽調勻即可出鍋。

烹飪竅門
1 芹菜葉子要選嫩一些的，老葉子口感不好，味道也不夠清新。

2 做麵疙瘩時，水要儘量一點一點倒入，讓疙瘩大小均勻。

牙口不好的老年人，適合多吃些流質
或者柔軟易消化的食物，疙瘩湯無疑
是個極好的選擇 —— 麵食不傷腸胃，
性質溫和，搭配清香的芹菜葉子，還
能控制血壓。

把老人當孩子一樣去愛
青豆豆腐羹

🍲 簡單　⏱ 30 分鐘

材料
青豆 ▶ 80 克
絹豆腐 ▶ 1 盒
熟松仁 ▶ 10 克
粟米粒 ▶ 20 克
金華火腿 ▶ 20 克

調味料
粟粉 ▶ 15 克
橄欖油 ▶ 1/2 湯匙
鹽 ▶ 1/2 茶匙

營養貼士
絹豆腐中含有豐富的鉀、維他命等營養成分，老年人喝青豆豆腐羹不僅容易消化，還能消炎、降壓、化痰。

   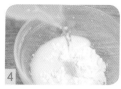

做法
1 新鮮青豆剝去外殼，取青豆粒備用。
2 絹豆腐切成小拇指粗細的小條。
3 火腿切成粟米粒大小的碎粒。
4 粟粉加水調成稀糊狀的生粉水。
5 鍋中加入清水，大火煮開。
6 倒入絹豆腐條、青豆粒、火腿粒、粟米粒煮 5 分鐘。
7 加入生粉水，用湯勺攪勻。
8 放入熟松仁，加入鹽、橄欖油調味即可。

烹飪竅門
絹豆腐一般是盒子包裝的，撕開的時候可以用刀子輕輕劃開，緩緩倒扣在枱面上。切的時候動作要輕，絹豆腐含水量大，用力過猛會使豆腐破碎。

羹湯類流質食物能保護老年人的腸胃，吃完不會有腹脹的感覺。這個羹湯味道鮮美，喝起來很順滑，老人一般會特別喜歡，另外此湯也十分適合孩子喝。

一碗有溫度的湯
紫菜豆腐肉餅湯

簡單　⏱ 20 分鐘

材料
紫菜 ▶ 20 克
嫩豆腐 ▶ 300 克
豬肉 ▶ 150 克

調味料
薑 ▶ 5 克
白胡椒粉 ▶ 1 克
生粉 ▶ 1 克
細香蔥 ▶ 1 棵
鹽 ▶ 1/2 茶匙
麻油 ▶ 1/2 湯匙

營養貼士
紫菜有長壽菜之稱，蛋白質含量豐富，且特別容易消化，非常適合老年人。

做法
1 豬肉洗乾淨，切成 1 厘米見方的塊。
2 豬肉加生粉、白胡椒粉和約 1/3 的鹽剁成肉碎。
3 用筷子將肉碎朝着一個方向攪打。
4 豆腐切成 1 厘米見方的小方塊，薑切片，香蔥切碎，紫菜撕成大片。
5 鍋中加清水，放入豆腐塊煮開。
6 煮 5 分鐘後將肉碎揉成小圓餅狀，放入豆腐湯中，加入薑片同煮。
7 再煮 2 分鐘後加入紫菜，燙幾十秒即關火。
8 撒入蔥碎和剩餘的鹽，淋入麻油，出鍋即可。

烹飪竅門
1 豬肉儘量不要用純瘦肉，帶點肥肉做成肉丸子，吃起來口感不柴，香味也更足。
2 湯中還可以加入新鮮的冬菇、青菜來豐富顏色。

日本人認為將紫菜和豆腐搭配食用是長生不老的秘訣。香滑的紫菜搭配嫩嫩的豆腐，再用剁碎的豬肉碎提鮮，是我一年四季都喜歡的好湯。

娃娃菜木耳肉丸湯

🍲 簡單　⏱ 30 分鐘

材料

娃娃菜 ▸ 150 克
乾木耳 ▸ 10 克
豬肉 ▸ 300 克
杞子 ▸ 3 克

調味料

鹽 ▸ 1/2 茶匙
薑片 ▸ 5 克
白胡椒粉 ▸ 少許
生粉 ▸ 1 克

營養貼士

娃娃菜中含有豐富的維他命、膳食纖維和天然的抗氧化劑，豬肉中含有豐富的蛋白質、鐵。老年人消化能力變差，常喝這個湯能提升腸道活力，提高身體的免疫力。

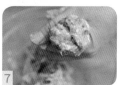

做法

1 黑木耳提前 1 小時泡發，洗淨瀝乾，撕成片。娃娃菜洗淨，切成 1 厘米寬的條。
2 豬肉洗乾淨，切成 1 厘米見方的塊狀。
3 豬肉放入攪拌機中，加入鹽、薑片、生粉、白胡椒粉和 1 茶匙清水。
4 攪拌成細膩的肉碎備用。
5 鍋中加入 1 湯碗清水，大火煮開。
6 加入娃娃菜條、木耳、杞子，中小火煮 5 分鐘。
7 借助手部虎口位置將肉碎擠成丸子狀，擠入湯中，煮熟。
8 撒入鹽調味即可出鍋。

烹飪竅門

1 豬肉儘量選三分肥、七分瘦的，這樣做出來的肉丸子很香。

2 豬肉中加入生粉，做出的肉丸會更嫩。

老年人可以適當吃些肉食，
肉食的油膩程度要儘量輕，
品類要單一，儘量精細化，
防止腸胃負擔過重。肉類搭
配蔬菜食用，可增加營養，
幫助消化。

三鮮蘑菇肝片湯

圖的就是這口鮮

簡單　30 分鐘

材料

平菇 ▸ 200 克
豬柳 ▸ 150 克
豬肝 ▸ 200 克
小青菜 ▸ 2 棵
鮮冬菇 ▸ 2 朵

調味料

薑 ▸ 5 克
鹽 ▸ 1/2 茶匙
老抽 ▸ 少許
料酒 ▸ 10 毫升
麻油 ▸ 10 毫升

營養貼士

1 豬肝是最理想的補血食材之一。
2 平菇中氨基酸含量豐富，吃起來格外鮮嫩。
3 三鮮湯製作簡單、味道鮮美，非常適合老年人食用。

做法

1 將豬肝用淡鹽水浸泡 15 分鐘。
2 將平菇洗淨，撕成細條。冬菇洗淨，切掉老根。薑切片。小青菜洗淨，瀝乾。
3 豬柳切成 0.2 厘米厚的薄片。
4 豬肝切成與里脊肉同樣厚度的薄片。
5 砂鍋中加入 1 湯碗水，放入薑片、料酒、老抽。
6 加入平菇條、冬菇煮 5 分鐘。
7 加入豬肝片和里脊肉片，再煮 2 分鐘。
8 放入小青菜燙熟，撒入鹽，淋入麻油調味即可。

烹飪竅門

1 切豬肉的時候要逆着肉的紋理切，這樣切出來的肉無須特別處理就很嫩。
2 豬肝用淡鹽水提前浸泡，可充分排出殘留的毒素。

蘑菇是天然的味精，煮湯能更大程度地發揮它的功效。這道湯名為三鮮，其實可不只有三種鮮味，喝湯食菇，好吃得停不下來。

眼睛是心靈的窗戶

杞子菠菜豬肝湯

簡單　⏱ 30 分鐘

材料

豬肝 ▶ 250 克
豬瘦肉 ▶ 40 克
菠菜 ▶ 100 克
杞子 ▶ 3 克

調味料

料酒 ▶ 1 湯匙
生抽 ▶ 1 湯匙
薑 ▶ 4 克
鹽 ▶ 1/2 茶匙
麻油 ▶ 1 湯匙

營養貼士

豬肝含鐵質非常豐富，有補血護肝的功效，能保護眼睛，防止眼乾、眼澀、眼疲勞。

做法

1 豬肝清洗乾淨。
2 將豬肝用淡鹽水浸泡 15 分鐘。
3 取出豬肝，切成約 3 毫米厚的片。
4 豬瘦肉洗淨，切成跟豬肝同樣厚度的片。菠菜洗淨瀝乾，薑切細絲。
5 起油鍋燒熱，下入薑絲翻炒。
6 倒入 1 湯碗開水，放入豬肝片、瘦肉片、杞子，加入料酒和生抽，中小火煮 3 分鐘左右。
7 加入菠菜燙熟。
8 滴入麻油，撒入鹽調味即可。

烹飪竅門

1 豬肝用淡鹽水提前浸泡，能去除殘留的激素和重金屬。
2 麻油味道比較重，不喜歡的話，可以用橄欖油代替。

老年人的視力會隨着年紀的增長越來越模糊，而豬肝有補血明目的功效。關愛老年人視力健康，為長輩做一道快手的豬肝養生湯吧！

私房養生秘籍
蟲草花雞湯

簡單 ⏱ 2小時

材料
土雞 ▸ 半隻（約400克）
瘦肉 ▸ 150克
新鮮蟲草花 ▸ 30克
西洋參 ▸ 3克
紅棗 ▸ 3粒

調味料
薑片 ▸ 5克
鹽 ▸ 1/2茶匙

營養貼士

蟲草花性質溫和，不寒不燥，老年人可以放心食用。蟲草花含有豐富的蛋白質，能調節人體的免疫力，增強老年人的抗病能力。

做法
1 土雞洗淨，切成2厘米見方的塊狀。
2 鍋中加冷水，放入雞塊，大火煮至水開即關火。
3 將雞塊撈出來，用溫水沖洗淨。
4 瘦肉洗淨，切成拇指粗的條狀。
5 蟲草花洗淨瀝乾，薑切片。
6 砂鍋中加入約2500毫升的水，放入雞塊、薑片、蟲草花、瘦肉條、紅棗、西洋參。
7 大火燒開後轉小火煲2小時。
8 加入鹽調味即可。

烹飪竅門

1 煮雞湯的時候加入少許瘦肉，可以使雞湯更鮮美。
2 土雞可以用烏雞代替，營養價值更高。

蟲草花並非花，而是人工培養的一種
菌類，菌種來源於蛹蟲草，營養成分
和功效近似於蟲草。一碗好的蟲草花
雞湯湯色金黃，十分誘人。

健康長壽的簡單秘訣
黃豆雞湯

`🍲 簡單` `🕐 2 小時`

材料
黃豆▶50 克
春雞▶1 隻（約 500 克）
紅蘿蔔▶100 克
杞子▶5 克

調味料
薑▶10 克
料酒▶10 毫升
鹽▶1/2 茶匙

營養貼士
春雞含有大量的優質蛋白質和微量元素，有益氣養血的功效，老年人食用容易消化，可強身健體，增強免疫力。

   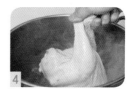
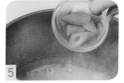  

做法
1 黃豆用清水提前浸泡 1 小時。
2 春雞去除內臟，剪掉雞腳，清洗乾淨。
3 鍋中加入約 2500 毫升的水，放入料酒、薑，大火煮開。
4 加入春雞、黃豆，大火煮 20 分鐘後轉小火煮 1.5 小時。
5 紅蘿蔔洗淨，切成 5 大塊，最後 20 分鐘時放入湯中同煮。
6 最後 10 分鐘時加入杞子同煮。
7 撒入鹽調味即可。

烹飪竅門
1 春雞肉質肥嫩，燉兩個小時雞肉便可軟爛。可以將春雞換成土雞或三黃雞燉湯，也很鮮美。
2 若用餐人數少，吃不了整隻雞，可以將雞剁成塊，適量取用。

黃豆和雞湯天生就是一對好搭檔，一粒粒吸飽了湯汁的晶瑩的豆子，浸泡在濃香的雞湯裏，又有紅蘿蔔點綴，十分誘人。

冬菇銀耳乳鴿湯

別出心裁的用心

簡單 ⏱2小時

材料

乳鴿 ▸ 1 隻
乾銀耳 ▸ 半個（約 20 克）
乾冬菇 ▸ 4 朵
乾百合 ▸ 10 片
杞子 ▸ 5 克
紅棗 ▸ 2 粒

調味料

薑片 ▸ 5 克
鹽 ▸ 1/2 茶匙

營養貼士

鴿肉中含有蛋白質、鈣、鐵等營養成分，
老年人吃容易消化，還能改善頭暈、疲勞
等症狀，民間有「一鴿勝十雞」的說法。

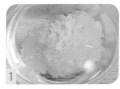   

 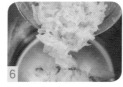  

做法

1 銀耳提前一晚上充分泡發。
2 冬菇、百合提前 1 小時泡發，洗淨後瀝乾。
3 乳鴿去內臟後洗乾淨，切大塊備用。
4 泡發好的銀耳洗淨，撕成小朵，越碎越好。
5 鍋中加入約 2500 毫升的冷水，放入乳鴿、
　薑片，大火煮開即關火。
6 將乳鴿撈出，放入湯鍋中，加入銀耳、冬
　菇、紅棗、百合和足量的開水，小火煲 2
　小時。
7 最後 10 分鐘加入杞子同煮。
8 撒入鹽調味即可。

烹飪竅門

1 乳鴿可以用雞肉代替。將其先汆水後
　燉煮，煲出來的湯更清澈漂亮。
2 杞子不要過早入
　鍋，否則湯色會變
　得混濁。

冬菇泡發以後煮湯十分百搭，葷素皆宜。冬菇與銀耳、鴿子一起煮，有種特殊的香味，很能刺激人的食慾。

甄選食材成就一碗好湯
蘿蔔絲鯽魚湯

🍲 簡單　🕐 30 分鐘

材料

鯽魚 ▶ 1 條（約 400 克）
白蘿蔔 ▶ 200 克
牛奶 ▶ 15 毫升

調味料

薑 ▶ 5 克
料酒 ▶ 1 湯匙
小香葱 ▶ 1 條
鹽 ▶ 1/2 茶匙
葵花子油 ▶ 1 湯匙

營養貼士

1　鯽魚富含動物蛋白質和不飽和脂肪酸，
　　能和中開胃、延年益壽。
2　白蘿蔔含有維他命 C 和鋅元素，老年人
　　喝蘿蔔湯能開胃消食，提高免疫力。

做法

1　鯽魚去內臟，去除腹腔裏的黑膜，清洗
　　乾淨。
2　魚身兩面劃上斜刀。
3　將鯽魚用鹽、料酒醃製 10 分鐘。
4　白蘿蔔洗淨，切成 0.3 厘米粗細的絲。薑
　　切片，香葱切碎。
5　起油鍋燒熱，下入鯽魚煎制。
6　將鯽魚兩面煎至金黃色。
7　加入開水至浸過鯽魚，把白蘿蔔絲、薑片
　　放進去同煮 10 分鐘。
8　加入牛奶和鹽攪勻後略煮，撒上葱碎即可。

烹飪竅門

1　魚湯煮的時候，先用大火再轉小火，
　　煮出來的湯汁會特別濃白。
2　清洗鯽魚的時候，
　　要將魚腹內的黑色
　　腹膜和魚血清洗乾
　　淨，腥味就會減少
　　大半。

秋冬季節天氣乾燥，適合多吃些蘿蔔，可順氣、潤肺，對消化也十分有幫助。這個湯做起來很容易，沒有下廚經驗的朋友也能輕鬆做出來。這個湯對廚具也沒有特殊的要求，家裏有炒鍋就能搞定。潔白的蘿蔔絲浸泡在濃白的魚湯裏，甚是好看。

蒸製的湯不上火
蝦仁雞絲湯

🍲 簡單　🕐 1 小時

材料

雞胸肉 ▸ 150 克
基圍蝦 ▸ 200 克
上湯 ▸ 700 毫升
粟米粒 ▸ 40 克
紅蘿蔔 ▸ 40 克
西芹 ▸ 40 克

調味料

鹽 ▸ 1/2 茶匙
橄欖油 ▸ 10 毫升

營養貼士

雞胸肉是很常見的營養肉類，蛋白質含量高而脂肪含量低。蝦仁也是高蛋白、低脂肪的食物。老年人喝這個湯能補充營養，強身健體，還不用擔心增加腸胃負擔。

做法

1. 雞胸肉洗乾淨，放入開水鍋中，中火煮熟。
2. 將煮熟的雞胸肉用手撕成細絲。
3. 粟米粒洗淨。
4. 紅蘿蔔、西芹分別洗淨，均切成比粟米粒略大些的小粒。
5. 基圍蝦去頭、殼，挑去蝦線。
6. 將雞絲、蝦仁和各類蔬菜裝入湯碗中，倒入上湯。
7. 上鍋蒸 1 小時。
8. 撒入鹽，淋上橄欖油即可食用。

烹飪竅門

1. 將煮熟的雞胸肉裝入保鮮袋中，用擀麵棍用力擀開，很容易就能撕成雞絲。
2. 如果不會去基圍蝦的蝦線，可以直接買現成的蝦仁來做。

蝦仁軟嫩容易消化，營養價值高；雞
絲經過處理之後十分容易咀嚼。這個
湯鮮美不上火，多喝也不怕。

延年益壽　清熱解毒

龍脷魚芽菜湯

簡單　⏱ 30 分鐘

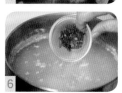

材料

龍脷魚 ▶ 150 克
豆苗 ▶ 200 克
杞子 ▶ 3 克

調味料

上湯 ▶ 800 毫升
大蒜油 ▶ 1 湯匙
鹽 ▶ 1/2 茶匙
蛋白 ▶ 10 克
生粉 ▶ 1 克

做法

1 龍脷魚洗淨，切成 0.3 厘米厚的片。
2 將魚片用蛋白和生粉醃製 10 分鐘。
3 豆苗洗乾淨備用。燒開一鍋水，加入豆苗燙熟，撈出，擺入湯碗中。
4 無須換水，放入魚片燙熟即撈出，擺在豆苗上。
5 上湯加鹽燒開，澆在魚片上。
6 杞子放入燙魚片的鍋中燙一下，撈出放在魚片上，淋上大蒜油即可。

小朋友常吃魚聰明，老年人常吃魚能保持清醒的頭腦。龍脷魚無骨，吃起來不會有卡喉的擔憂；豆苗生長過程中不用激素和農藥，是一種安全的食材，且降火效果明顯。上述二者都是非常適合老年人食用的好食材，煮成的湯清新養眼。

營養貼士

豆苗是青豆的嫩葉，纖維少，入口脆嫩清香，能有效緩解湯中的油膩，適合喜歡清淡飲食的老年人食用。

烹飪竅門

魚片和豆苗都很容易熟，煮 1 分鐘左右即可。煮豆苗和加熱上湯可以同時進行，節省時間。

一年四季氣候各不相同，
喝湯也應該隨着季節而有所改變。
春季的湯要清淡可口，
忌生冷油膩；
夏季容易食慾不振，
宜喝些清熱解暑的湯水；
秋季時身體容易出現一系列乾燥症狀，
要多喝些生津潤燥的湯；
冬天寒冷，
是進補的好時節，
宜多喝些補充能量和營養的湯。

老少皆宜的甜羹（春季）
米酒水果丸子湯

簡單　⏱30分鐘

材料

水磨糯米粉 ▸ 180 克

奇異果 ▸ 50 克

火龍果 ▸ 50 克

芒果 ▸ 1 個（約 50 克）

糖桂花 ▸ 1 湯匙

米酒 ▸ 50 毫升

調味料

細砂糖 ▸ 20 克

營養貼士

米酒含有多種維他命和葡萄糖，能活血滋陰。春季仍然有些乾燥，米酒、水果、糖桂花等對皮膚保濕有明顯功效。

做法

1 將水磨糯米粉中少量多次加入清水，揉成團。

2 搓成細長條，切成一份一份後搓成圓球狀，直徑大約 1 厘米。

3 各種水果取果肉，切成 1.5 厘米見方的小粒。

4 鍋中加水，加入米酒大火煮開。

5 水開後調成中小火，加入糯米丸子煮約 2 分鐘，待丸子浮起來即熟。

6 加入細砂糖，用湯勺攪拌至溶化。

7 加入各種水果粒攪勻，撒上糖桂花即可。

烹飪竅門

1 應選用質地更細膩潔白的水磨糯米粉來搓湯圓，如果買不到，可以買現成的小湯圓。

2 水果可以換成其他自己喜歡的種類，如黃桃、西瓜、哈密瓜、蘋果等。

色彩鮮豔的食物往往特別能吸引人，巧用繽紛的水果和氣味芳香的米酒做一道甜湯，既能促進食慾，又能養顏美容。

馬蹄竹蔗飲

春寒料峭不覺冷（春季）

簡單 ⏱40 分鐘

材料

竹蔗 ▶ 400 克
馬蹄 ▶ 60 克
鮮白茅根 ▶ 30 克
紅蘿蔔 ▶ 50 克

調味料

紅糖 ▶ 20 克
蜂蜜 ▶ 50 克

營養貼士

竹蔗、白茅根都有清熱下火的作用，蜂蜜滋陰潤燥，紅蘿蔔中的維他命能滋潤皮膚。這道糖水可潤肺去火，非常適合濕冷的春季時飲用。

做法

1. 將竹蔗對半剖開，切成 5 厘米長的條狀備用。
2. 馬蹄削去外皮，對半切開。
3. 紅蘿蔔洗淨，對半切開，再切成 2 厘米長的小段。
4. 白茅根洗乾淨，切成 3 厘米長的小段。
5. 鍋中加水，大火燒開。
6. 水開後加入竹蔗條、馬蹄、白茅根段、紅蘿蔔段，轉小火煮 40 分鐘。
7. 最後 5 分鐘加入紅糖煮至溶化。
8. 待溫度降至不燙嘴的程度後加入蜂蜜攪勻即可。

烹飪竅門

1. 竹蔗可以用甘蔗代替；白茅根若沒有，也可以不加。
2. 蜂蜜一定要等溫度降下來後再放進去，以免其中的營養素被高溫破壞。

馬蹄竹蔗飲是常見的一款甜味熱飲，做法不難，取材簡單，在初春乍暖還寒的日子裏喝上一杯，甜蜜又溫暖。

薺菜豆腐羹

春來薺美毋忘歸（春季）

簡單　⏱20分鐘

材料
薺菜 ▶ 300 克
嫩豆腐 ▶ 300 克
鮮冬菇 ▶ 2 朵

調味料
鹽 ▶ 1/2 茶匙
生粉水 ▶ 20 克
麻油 ▶ 10 毫升

營養貼士
薺菜和菠菜一樣含有大量的草酸，而草酸會阻礙人體對鈣的吸收，所以煮湯前須先將薺菜燙熟，以充分去除草酸。

做法
1 薺菜擇去老葉，用清水沖洗乾淨，瀝乾。
2 鍋中加入 1000 毫升清水，大火煮開後下入薺菜焯熟。
3 撈出薺菜晾涼，切碎備用。
4 嫩豆腐沖洗淨，切成小拇指粗細的條。
5 冬菇洗淨，切去老根，切成薄片。
6 重新燒開一鍋水（水量 800 毫升），下入豆腐條煮 5 分鐘。
7 放入薺菜碎、冬菇片再煮 2 分鐘。
8 加入生粉水勾芡，撒入鹽，淋麻油調味即可。

烹飪竅門
將薺菜焯水，能去除草酸和表面的污染物殘留；焯水的時候加入 1 勺油，能保持薺菜翠綠的顏色。豆腐可以換成盒裝的絹豆腐，口感會更加細膩。

薺菜是田間地頭常見的一種野菜。春天的薺菜最為鮮嫩，可拌可炒，跟豆腐一起煮湯，碧綠脆嫩不褪色，入口清淡不寡味。不食一次三月薺，可真不好意思說自己是個「吃貨」。

順時而食（春季）
萵筍排骨湯

🍲 簡單 ⏱ 90 分鐘

材料

萵筍塊 ▶ 300 克
排骨 ▶ 400 克
乾百合 ▶ 20 克
杞子 ▶ 5 克

調味料

鹽 ▶ 1/2 茶匙
薑 ▶ 8 克
粟米油 ▶ 1 湯匙

營養貼士

萵筍中水分含量較高，膳食纖維也很豐富。春季多吃些萵筍，能促進消化。

做法

1 乾百合用清水浸泡 1 小時，薑切片。
2 排骨切小段，洗淨，冷水入鍋，大火煮至水開即關火。
3 將排骨段撈出，用溫水沖洗乾淨，瀝乾水。
4 起油鍋燒熱，下入排骨翻炒至表面焦黃。
5 倒入開水至浸過排骨，大火煮 20 分鐘。泡好的百合洗淨，瀝乾。
6 將排骨段和湯一起倒入湯鍋中，加薑片、百合，小火燉 1 小時。
7 最後 10 分鐘加入杞子和萵筍塊同煮。
8 撒入鹽調味，出鍋即可。

烹飪竅門

1 過油後的排骨更容易熬出白湯。如果喜歡更潔白的湯汁，可以在最後加入兩勺牛奶稍煮。

2 萵筍可以生吃，所以不要煮太久，10 分鐘足夠了。

清新風格的肉湯並不多見，萵筍排骨湯算是其中的一個。綠色是春天的主打色，餐桌也要順應時節，濃香的骨湯搭配清脆爽口的萵筍，不知不覺就能讓人多喝兩碗。

百吃不厭的
豆腐羹（春季）
山藥蝦仁豆腐羹

簡單　30 分鐘

材料
山藥 ▸ 300 克
嫩豆腐 ▸ 200 克
雞蛋 ▸ 1 個
基圍蝦 ▸ 5 隻

調味料
芫荽 ▸ 1 棵
白胡椒粉 ▸ 少許
白醋 ▸ 10 毫升
鹽 ▸ 1 茶匙
麻油 ▸ 10 毫升
生粉水 ▸ 2 湯匙

營養貼士
山藥既是蔬菜，又是一種珍貴的中藥材，含有多種氨基酸等營養成分，能滋補脾胃，強身健體，幫助消化。

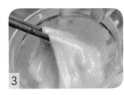

做法
1 山藥去皮，洗淨，切成 1 厘米見方的小粒狀。
2 嫩豆腐沖洗乾淨，切成同樣大小的粒狀。
3 雞蛋打入碗中，攪散。芫荽洗淨，瀝乾。
4 基圍蝦去頭、殼、蝦線，切成小粒。
5 鍋中加水，下入山藥粒、豆腐粒，小火煮 15 分鐘。
6 加入生粉水勾芡。
7 淋入蛋液，用湯勺緩緩攪動，然後放入蝦仁粒。
8 加入鹽、白胡椒粉、白醋、麻油調味，放入芫荽裝飾即可。

烹飪竅門
1 基圍蝦要現買現吃，一次吃不完的要及時裝入保鮮袋，放入冰箱冷凍保存。
2 山藥去皮的時候要戴上一次性手套，否則山藥的黏液一旦接觸到皮膚，就會引起皮膚的過敏反應，使皮膚奇癢無比。

山藥綿甜軟糯，用雞蛋提鮮，再搭配
滑溜細嫩的豆腐，越吃越上癮，賽過
山珍海味，春寒料峭時喝上一碗，頓
覺渾身暖洋洋的！

煮綠豆湯的秘籍
全都告訴你（夏季）
綠豆百合湯

🍳 簡單　⏰ 30 分鐘

材料

綠豆 ▶ 300 克

新鮮百合 ▶ 100 克

調味料

冰糖 ▶ 50 克

營養貼士

綠豆是公認的解暑好食材，夏天多喝些綠豆湯，可預防中暑，緩解濕熱引發的煩躁情緒。

   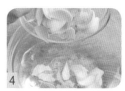

做法

1 綠豆洗乾淨，提前浸泡 3 個小時。

2 新鮮百合剝散開。

3 去除百合上髒的外皮和筋膜。

4 將百合用淡鹽水浸泡半小時。

5 將綠豆放入砂鍋中。

6 加入足量水，大火煮開後轉小火煮至綠豆開花。

7 放入冰糖，繼續小火煮至冰糖溶化。

8 放入處理乾淨的百合片，再煮幾分鐘即可。

烹飪竅門

1 煮綠豆水的鍋儘量選擇玻璃鍋、不銹鋼鍋或砂鍋，避免用鐵鍋等金屬鍋具。

2 煮綠豆用的水須是低硬度的水，如果飲用水硬度較高，可使用高滲過濾水或礦泉水、純淨水。

3 鍋的材質不同，煮綠豆所需的時間也不同。

4 綠豆要等水開後下鍋，煮到綠豆開花即可，煮出來的綠豆湯顏色才漂亮。

綠豆百合湯是一道傳統的解暑湯,可是很多人不見得會煮。掌握正確的方法,你也能熬出碧綠的綠豆湯。

開胃解暑要多喝（夏季）
苦瓜菇菌雞蛋湯

🍲 簡單　🕐 20 分鐘

材料
苦瓜 ▸ 200 克
雞蛋 ▸ 1 個
白玉菇 ▸ 100 克

調味料
薑 ▸ 10 克
鹽 ▸ 1/2 茶匙
粟米油 ▸ 少許

營養貼士
苦味的食物最能降火，夏天適當多吃些苦瓜，使人睡眠好、不煩躁，臉上的痘痘也能減少。

做法

1 苦瓜清洗乾淨，切去根蒂，對半切開，去掉白色內瓤。
2 將苦瓜切成約 3 毫米厚的片狀。
3 雞蛋打入碗中，用筷子攪散。白玉菇洗淨，切去老根。薑去皮，切成薄片。
4 鍋中倒入粟米油燒熱，放入苦瓜片炒香。
5 倒入約 800 毫升開水，再次大火煮開。
6 加入白玉菇段，調中小火煮 3 分鐘。
7 緩緩淋入雞蛋液，用筷子輕輕攪動。
8 出鍋前撒入少許鹽調味即可。

烹飪竅門
苦瓜的苦味主要來源於苦瓜內的白色內瓤，要想讓苦瓜苦味減輕，可以將白瓤去除得乾淨些。另外用淡鹽水浸泡苦瓜，去苦味效果也不錯。

苦瓜是夏天的時令蔬菜。從健康的角度考慮，我們應當多吃些應季的食物。苦瓜的前味略苦後味微甘，搭配鮮美的菇菌和雞蛋，開胃又營養。

秋葵豆腐蛋花湯

靜心煲慢慢品（夏季）

🍲 簡單 🕐 20 分鐘

材料

秋葵 ▶ 200 克
嫩豆腐 ▶ 300 克
雞蛋 ▶ 1 個
紅蘿蔔 ▶ 50 克
鮮冬菇 ▶ 4 朵

調味料

鹽 ▶ 1/2 茶匙
麻油 ▶ 5 毫升

營養貼士

切開秋葵，可見大量的黏液。這種黏液能幫助消化，增強體力，因此不宜洗去。秋葵中的維他命還能補充水分，滋潤皮膚。

  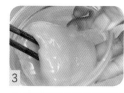 

做法

1 秋葵洗乾淨，切成 1 厘米厚的片。
2 豆腐沖洗淨，切成 1 厘米見方的小塊。
3 雞蛋打入碗中，用筷子攪散。
4 紅蘿蔔洗淨，切菱形片。
5 冬菇洗淨，菌蓋表面劃十字花刀。
6 鍋中加入清水煮開，放入秋葵塊、冬菇、紅蘿蔔片、豆腐塊，中小火煮 5 分鐘。
7 雞蛋液淋入湯中，用湯勺攪成均勻的蛋花。
8 出鍋前撒入鹽，淋入麻油即可。

烹飪竅門

挑選秋葵的時候要看一看，摸一摸。新鮮的秋葵沒有黑色斑點，靠近根部的地方摸上去較軟；老秋葵口感粗糙，嚼起來纖維感強，味道苦澀。

秋葵的切面好像一顆顆的小星星,整碗湯看起來十分清新。豆腐嫩滑,最適合做湯,搭配秋葵這種高端蔬菜,檔次瞬間被提升不少。

絲瓜肉片湯

消暑去熱不煩躁（夏季）

簡單　20 分鐘

材料

絲瓜 ▶ 250 克
豬柳 ▶ 100 克
冬菇 ▶ 20 克

調味料

鹽 ▶ 1/2 茶匙
薑 ▶ 5 克
橄欖油 ▶ 少許

營養貼士

絲瓜裏有豐富的礦物質及維他命，夏季多吃絲瓜，不僅能清熱解暑，還能美白皮膚，補充皮膚水分，讓皮膚看起來更水潤。

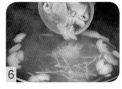

做法

1 絲瓜洗淨後削去外皮，切滾刀塊。
2 豬柳洗淨，切片。
3 薑去皮，切成細絲備用。
4 洗乾淨的冬菇去蒂，切成約 3 毫米厚的片。
5 煮鍋中加入約 800 毫升清水，放入薑絲和冬菇，大火燒開後轉中火煮 5 分鐘。
6 加入肉片，煮約 1 分鐘，至肉片八成熟。
7 加入絲瓜塊，再煮 1 分鐘，至絲瓜變得翠綠。
8 淋入少許橄欖油，加鹽調味即可。

烹飪竅門

1 切里脊肉的時候要沿着肉的纖維紋路切，這樣煮出來的肉片口感細嫩不柴。
2 絲瓜宜在水開後放入，不可久煮，以便在煮熟後保持碧綠。

許多蔬菜的營養價值會隨季節轉換而
發生變化，應季蔬菜的營養價值更高。
絲瓜是夏天的應季蔬菜之一，對身體
的好處非常多，用絲瓜和瘦肉做的湯，
口感清涼，清爽不油膩。

蔬菜之王 護衛健康（夏季）
蘆筍蘑菇 瘦肉湯

簡單　⏱ 30 分鐘

材料
蘆筍 ▶ 150 克
蟹味菇 ▶ 100 克
豬柳 ▶ 250 克
紅蘿蔔 ▶ 30 克

調味料
鹽 ▶ 1/2 茶匙
料酒 ▶ 1/2 湯匙
生粉 ▶ 1 克
白胡椒粉 ▶ 少許
麻油 ▶ 1/2 湯匙
葵花子油 ▶ 1 湯匙

營養貼士
蘆筍是蔬菜之王，葉酸含量非常豐富，適當多吃蘆筍能美白養顏。孕婦多吃蘆筍，生出的寶寶會更聰明。

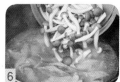

做法
1 蘆筍洗乾淨，切成 3 厘米長的段。
2 蟹味菇洗乾淨備用。紅蘿蔔洗淨，切菱形片。
3 豬柳切薄片，加少許鹽、料酒、生粉醃製 10 分鐘。
4 起油鍋燒熱，下入里脊肉片滑香。
5 倒入 1 湯碗開水，大火煮開。
6 下入蟹味菇、紅蘿蔔片煮 2 分鐘。
7 加入蘆筍段，煮 1 分鐘。
8 加入白胡椒粉、麻油和剩餘的鹽調味即可。

烹飪竅門
1 豬柳提前醃製一下，煮出來的湯味道鮮，肉片不柴。
2 湯中還可以加入木耳、雞蛋等，營養會更豐富。
3 蘆筍湯裏不要放醋，不然蘆筍會發黑。

蘆筍口感清脆微甜，和菇菌、肉片一起做出來的湯十分爽口不油膩，湯中散發着淡淡的蟹味香。夏季一定不要錯過這個好湯。

酸蘿蔔老鴨湯

老火靚湯好舒心（夏季）

🍲 簡單　🕐 3 小時

材料

酸蘿蔔 ▶ 200 克
鴨子 ▶ 半隻（400 克）
大葱 ▶ 10 克
薑 ▶ 5 克

調味料

料酒 ▶ 10 毫升
鹽 ▶ 1/2 茶匙

營養貼士

酸蘿蔔酸中帶甜，十分開胃；鴨肉性涼，蛋白質含量豐富。夏季喝這個酸蘿蔔老鴨湯很開胃，有健脾祛濕、增強食慾的作用。

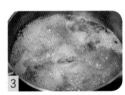

做法

1 鴨子去頭、掌，剁成塊。葱洗乾淨，打結。薑切片。
2 鴨肉入鍋，加冷水、料酒，煮開。
3 大火煮至出現浮沫，關火。
4 撈出鴨肉，用溫水沖洗乾淨，瀝乾水。
5 將鴨肉、薑片、葱結倒入湯鍋，加入足量的水至浸過鴨塊。
6 酸蘿蔔切成拇指粗的條狀，加入湯中。
7 大火煮開，轉小火燜 2.5 小時至鴨肉軟爛。
8 出鍋前加鹽即可。

烹飪竅門

鴨頭、鴨腳煮出來會有些腥味，影響湯的味道，所以須把鴨頭、鴨腳去除。老鴨湯需要煲的火候比較久，有時間的話儘量多煮煮，至軟爛為止。

酸蘿蔔老鴨湯是雲貴川一帶的特色湯品，自家醃製的酸蘿蔔酸爽開胃，鴨肉性涼敗火，二者搭配煮出來的湯酸酸的十分過癮，沒有怪味，適合各種季節飲用。

享受一刻清閒（秋季）
雪梨蘋果銀耳湯

🍲 簡單　🕐 90 分鐘

材料

雪梨 ▶ 60 克
蘋果 ▶ 60 克
乾銀耳 ▶ 15 克
乾百合 ▶ 20 克
杞子 ▶ 5 克

調味料

冰糖 ▶ 50 克

營養貼士

銀耳的營養成分其實和燕窩不相上下，所以銀耳也被稱為平民燕窩。銀耳中含有天然的膠質，長期服用能養顏淡斑，安神補腦。

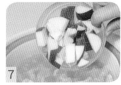

做法

1. 銀耳提前浸泡一晚上。
2. 乾百合提前浸泡 1 小時。
3. 將銀耳洗淨，撕成小碎塊。
4. 砂鍋中加入銀耳、百合和足量的清水。
5. 大火煮開，轉小火熬 90 分鐘。
6. 將蘋果、雪梨分別洗淨，去核，切成大塊。
7. 放入銀耳湯中煮 30 分鐘。
8. 加入冰糖和杞子煮 10 分鐘即可。

烹飪竅門

銀耳撕得越碎越容易煮出膠質，還有一個技巧就是小火慢燉。如果還是煮不出膠質，就要檢查一下銀耳的品質，銀耳的新鮮程度在很大程度上決定出膠的程度。

一碗膠質滿滿的銀耳湯才是成功的銀耳湯,才有軟糯香甜的口感。銀耳湯既是湯又是甜品,寒冷乾燥的季節喝上一碗,甜甜糯糯,感覺十分滋潤。

濃湯更有濃情（秋季）
白蘿蔔豬肺湯

🍲 簡單 ⏰ 2 小時

材料
白蘿蔔 ▶ 200 克
豬肺 ▶ 400 克
甜杏仁 ▶ 15 克
乾百合 ▶ 15 克

調味料
薑 ▶ 5 克
鹽 ▶ 1/2 茶匙

營養貼士
豬肺益肺氣，能緩解喉嚨不適；
蘿蔔可清火生津，消食化痰。
這個湯非常適合秋季喝。

做法
1 將豬肺灌入清水，反覆沖洗 5 次。
2 洗乾淨的豬肺切成 0.3 厘米厚的片狀，薑切片。乾百合用清水浸泡後洗淨。
3 鍋中加冷水，放入豬肺、薑片，煮開。
4 將煮好的豬肺撈出，再次清洗乾淨。
5 將白蘿蔔洗乾淨，切成拇指大小的長條。
6 湯鍋內放入豬肺、薑片、甜杏仁、百合和適量的清水，大火煮開後轉小火煲 1 小時。
7 加入白蘿蔔條再煮半小時。
8 撒入鹽調味即可。

烹飪竅門
1 豬肺清洗的時候要反覆灌水沖洗，直到豬肺顏色發白才算洗乾淨。
2 豬肺清洗起來麻煩，一次可以多洗一些，放到冰箱裏凍起來，隨吃隨取。

豬肺處理起來比較麻煩，外面的豬肺湯好喝卻不一定乾淨。自家動手精心處理的豬肺，用小火慢慢煨上，煮出的湯中豬肺柔韌美味，蘿蔔清潤甘甜，對經常用嗓的朋友特別有益。

杜仲巴戟豬腰湯

這個湯可不一般（冬季）

🍲 簡單　🕐 30 分鐘

材料

豬腰 ▶ 1 對
杜仲 ▶ 15 克
巴戟天 ▶ 15 克
瘦肉 ▶ 30 克
紅棗 ▶ 5 粒

調味料

鹽 ▶ 1/2 茶匙
薑片 ▶ 5 克

營養貼士

豬腰就是豬腎，能補腎氣，可緩解腰酸腿痛，增強免疫力。

做法

1 將巴戟天、杜仲清洗一下，放入鍋中乾炒片刻備用。
2 豬腰對半切開。
3 剔去白色的筋膜，洗淨。
4 將處理乾淨的豬腰劃上花刀，切塊。瘦肉切片備用。
5 鍋中加入清水，放入薑片、紅棗，大火煮開。
6 下入豬腰塊、瘦肉片、杜仲、巴戟天。
7 開小火煲 1 小時，出鍋前撒入鹽調味即可。

烹飪竅門

杜仲和巴戟天在藥店有售。杜仲可以換成核桃仁。豬腰內部的白色筋膜是豬腰的臊腺，去除乾淨後再烹製才沒有腥味。

杜仲和豬腰一起做湯是常見的家常
藥膳，不僅可以補腎氣，還能治療
腰酸背痛的小毛病。

清燉羊肉蘿蔔湯

燉出來的風情（冬季）

簡單　2 小時

材料
羊肉 ▶ 400 克
白蘿蔔 ▶ 200 克
杞子 ▶ 5 克

調味料
薑片 ▶ 5 克
芫荽 ▶ 10 克
鹽 ▶ 1/2 茶匙
白胡椒粉 ▶ 少許

營養貼士
羊肉益氣補虛、溫中暖下，是冬季暖身的好食材，搭配白蘿蔔同煮，有清痰止咳之功效。

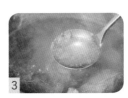

做法
1 羊肉洗乾淨，切成塊狀。芫荽洗淨，瀝乾，切碎。
2 將羊肉裝入湯鍋中，一次加入足量的水，放入薑片，大火煮開。
3 撇去湯表面的浮沫，使羊湯看上去更清爽。
4 調成最小的火，煲 1 小時。
5 將白蘿蔔洗乾淨，切成核桃大小的塊。
6 將白蘿蔔塊放入羊肉湯中，再煲 30 分鐘。
7 加入杞子，煮 10 分鐘。
8 加入白胡椒粉、鹽、芫荽碎攪勻即可。

烹飪竅門
1 很多人討厭羊肉的腥膻味，產自內蒙古或者新疆的羊肉品質較好，不腥不膻。
2 羊肉與白蘿蔔同煮是去除膻味的好辦法，還可以試試將羊肉提前用水浸泡以去除膻味。

冬天手腳冰涼、總也捂不熱的人，平
時可以多喝這個清燉羊肉蘿蔔湯，能
溫補身體。羊肉還有強筋健體的功效，
老人小孩都適合喝。

杭幫經典永流傳（冬季）
西湖牛肉羹

`簡單` `30 分鐘`

材料

牛肉 ▶ 300 克
冬菇 ▶ 30 克
雞蛋 ▶ 1 個

調味料

薑 ▶ 3 克
白胡椒粉 ▶ 1 克
鹽 ▶ 1/2 茶匙
料酒 ▶ 1/2 湯匙
麻油 ▶ 1/2 湯匙
老抽 ▶ 幾滴
生粉 ▶ 6 克
芫荽 ▶ 2 條

營養貼士

牛肉富含蛋白質，寒冬多食牛肉可暖胃暖身、強健筋骨，越吃面色越紅潤。

做法

1 將牛肉沖洗淨，切成小薄片，加入料酒和 1 克生粉，醃製 15 分鐘。

2 冬菇洗淨，切去老根，切成 0.4 厘米厚的片狀。

3 雞蛋只取蛋白，攪勻。芫荽洗淨瀝乾，切碎。

4 取 5 克生粉，加入 2 湯勺清水調成生粉水。

5 鍋中加入 1 湯碗清水，放入薑片，中火煮開後倒入生粉水攪勻。

6 加入冬菇和牛肉片滑散，略微煮 2 分鐘。

7 緩緩淋入蛋白，用湯勺攪拌成絮狀。

8 加入鹽、白胡椒粉、老抽調味，盛出，淋麻油，撒芫荽碎即可。

烹飪竅門

1 牛肉片儘量切得小一些，先用清水浸泡去血水再醃製，這樣做出來的牛肉羹更好看。

2 牛肉羹中可以加入適量嫩豆腐，口感更豐富。

西湖牛肉羹是經典的杭幫菜，通常以牛柳為主要食材，加入冬菇、蛋白，再用生粉水勾薄芡，煮好後香醇潤滑，非常可口，在江南幾乎家家會做。

冬季暖身滋補湯（冬季）
雜菌雞湯

🍲 簡單 🕐 1 小時

材料

三黃雞 ▶ 半隻（約 400 克）
金針菇 ▶ 120 克
杏鮑菇 ▶ 100 克
白玉菇 ▶ 80 克
冬菇 ▶ 40 克
杞子 ▶ 5 克

調味料

大葱 ▶ 10 克
薑 ▶ 8 克
鹽 ▶ 1/2 茶匙

營養貼士

雞湯經過長時間燉煮後，雞肉中的蛋白質和微量元素被充分釋放出來。菇菌類食材能提高人體免疫力。多喝這道雜菌雞湯能預防感冒，增強體質。

做法

1 三黃雞去頭、腳，切成約 2 厘米大小的塊。薑切片。大葱切碎。
2 鍋中加入冷水，放入雞塊、2 片薑片，大火煮至水開即關火。
3 煮好的雞塊撈出，用溫水沖洗乾淨。
4 雞塊放入湯鍋中，加 2 片薑片，大火煮開。
5 轉小火煮 1 小時。
6 將 4 種菇菌分別洗乾淨，冬菇和杏鮑菇切成 0.3 厘米厚的片狀。
7 最後 10 分鐘將菇菌和杞子放入雞湯中同煮。
8 撒入鹽調味，放入切碎的大葱即可。

烹飪竅門

1 雞塊先汆水再煮，湯色更乾淨。可將菇菌換成其他你喜歡的食材。
2 如果喜歡香味濃一些的，可以先將雞肉爆炒一下再燉。

冬季宜進補，宜多喝營養價值高的湯品。在雞湯中加入多種菇菌，能使雞湯更鮮美，即使沒什麼廚藝也可以輕鬆做好。

絲瓜蝦仁豆腐羹

快手湯高顏值（冬季）

🍲 簡單　🕐 30 分鐘

材料

基圍蝦 ▸ 200 克
嫩豆腐 ▸ 200 克
長條絲瓜 ▸ 100 克

調味料

鹽 ▸ 1/2 茶匙
料酒 ▸ 1 湯匙
生粉 ▸ 5 克
薑 ▸ 5 克
麻油 ▸ 少許

營養貼士

蝦仁中蛋白質含量豐富，豆腐則富含植物蛋白質，二者搭配不僅容易消化，還可益氣補虛，非常適合體弱和消化能力不強的老人及孩子吃。

做法

1 新鮮基圍蝦去蝦頭、蝦殼，挑去蝦線。
2 把蝦仁沖洗乾淨，用料酒醃製 10 分鐘。
3 嫩豆腐切成小細條。
4 絲瓜削去外皮，洗淨，切滾刀塊。
5 湯鍋中加入約 1000 毫升水，倒入豆腐條煮開，轉小火煮 5 分鐘。
6 將蝦仁和絲瓜塊倒入鍋中，繼續用小火煮 2 分鐘。
7 生粉加少許水調成芡汁，倒入湯中攪勻。
8 撒入鹽，淋入麻油調味即可。

烹飪竅門

1 做這道菜最好是用砂鍋，用砂鍋煮的湯鮮美且無異味。
2 蝦仁若用生粉醃製 15 分鐘後再煮，口感會更筋道。

成品看起來很厚重，可以作為湯也可以作為菜食用。濃白的湯中點綴著青綠的絲瓜和粉紅的蝦仁，特別養眼又很開胃。

慢火滋補湯（冬季）
粟米鬚冬瓜皮排骨湯

簡單　⏱ 2 小時

材料
粟米鬚 ▸ 10 克
冬瓜皮 ▸ 60 克
豬肋排 ▸ 300 克

調味料
鹽 ▸ 1/2 茶匙
薑 ▸ 5 克

營養貼士
冬瓜皮中的營養素甚至比冬瓜中更豐富，粟米鬚則含有大量的鹼性物質。老年人常喝這道湯，可以消除水腫，降血壓。

做法
1 豬肋排洗淨，用淡鹽水浸泡半小時。
2 冬瓜皮洗淨，切成 0.4 厘米厚的片。
3 粟米鬚洗淨，瀝乾。薑切片。
4 電燉鍋加入所有食材和薑片，添加足量的清水至浸過食材。
5 蓋上蓋子，慢燉 2 個小時。
6 取出撒入鹽調味即可。

烹飪竅門
冬瓜可以選綠皮冬瓜，與肋排一起煲湯。用電燉鍋來做，省時省心，湯色也清澈，營養和香味都不流失。

粟米鬚、冬瓜皮，雖然看起來不起眼，但其營養價值比粟米和冬瓜本身還要高，而且對老年人特別有益處。這個湯味道鮮美，營養豐富，老年人多喝也無妨。

作者
薩巴蒂娜

責任編輯
陳芷欣

美術設計
陳翠賢

排版
劉葉青

出版者
萬里機構出版有限公司
香港鰂魚涌英皇道1065號東達中心1305室
電話：2564 7511
傳真：2565 5539
電郵：info@wanlibk.com
網址：http://www.wanlibk.com
　　　http://www.facebook.com/wanlibk

發行者
香港聯合書刊物流有限公司
香港新界大埔汀麗路36號
中華商務印刷大廈3字樓
電話：（852）2150 2100
傳真：（852）2407 3062
電郵：info@suplogistics.com.hk

承印者
美雅印刷製本有限公司

出版日期
二零一九年十一月第一次印刷

本書香港繁體版經青島出版社有限公司授權出版。